花卉育苗

Huahui Yumiao

技术手册

Jishu Shouce

◎ 常美花　编著

化学工业出版社

·北京·

图书在版编目（CIP）数据

花卉育苗技术手册/常美花编著．—北京：化学
工业出版社，2019.1（2023.3重印）
ISBN 978-7-122-33315-5

Ⅰ.①花… Ⅱ.①常… Ⅲ.①花卉-育苗-技术手
册 Ⅳ.①S680.4-62

中国版本图书馆CIP数据核字（2018）第267187号

责任编辑：邵桂林　　　　　　　　　文字编辑：何　芳
责任校对：王素芹　　　　　　　　　装帧设计：韩　飞

出版发行：化学工业出版社（北京市东城区青年湖南街13号　邮政编码100011）
印　　装：涿州市般润文化传播有限公司
850mm×1168mm　1/32　印张9　字数268千字
2023年3月北京第1版第4次印刷

购书咨询：010-64518888　售后服务：010-64518899
网　　址：http://www.cip.com.cn
凡购买本书，如有缺损质量问题，本社销售中心负责调换。

定　　价：59.00元　　　　　　　　　版权所有　违者必究

前言 PREFACE

园林花卉种类繁多，观赏性强，自古以来，中外园林无园不花。随着科技的进步，经济的发展，人们对生存环境质量要求的不断提高，园林花卉需求量迅速增长，园林花卉业作为一项新兴的"朝阳"产业也应运而生，花卉产品也向着专业化、标准化、商品化的方向发展。充足的多种规格的优质苗木是园林绿化建设和提高生态环境质量的重要物质基础。作为花卉苗木生产的关键环节——花卉育苗，关系到苗木生产、供应与应用水平，直接影响到园林绿化建设的进程。

本书本着理论联系实际、基本原理与实用技术相结合的原则，比较系统地介绍了花卉植物繁殖原理和主要的繁殖技术；力求基本原理通俗易懂，繁殖技术符合生产实际，操作技能便于掌握；力求简单明了、图文并茂，使得读者朋友能够在较短的时间内掌握花卉植物繁殖技术，适用于园林工作者及花卉爱好者。

本书共分六章。前五章为基本原理和通用技术，介绍了各种花卉植物繁殖的基本原理、常用的繁殖方法和技术要点。第六章为各论，按照各种花卉植物的繁殖特性，分类详细介绍了各种花卉植物的繁殖技术。

在编写本书过程中，崔培雪、郭龙、谷文明、纪春明、李秀梅、吕宏立、苗国柱、孙颖、徐桂清、叶淑芳、张向东帮助整理了稿件，在此表示感谢！

由于水平所限，书中疏漏之处在所难免，敬请广大读者批评指正。

目 录

CONTENTS

第一章

花卉育苗的作用

一、花卉育苗的内容

花卉育苗以及苗圃的管理是一门生产应用技术。它建立在植物学、生理学、土壤学、气象学、花卉栽培学等学科基础上。苗圃工作者为了更好地在苗圃从事苗木的生产和管理工作，就必须掌握一定的基础知识，使得理论和实际良好地结合起来。花卉育苗的主要内容包括了花卉苗木的种实生产、苗木的播种繁殖与无性繁殖、花卉的大苗培育、花卉苗木的出圃与质量评价、育苗新技术以及花卉苗圃的养护管理等。

二、花卉育苗的重要作用

花卉和其他植物一样，具有繁殖功能，通过繁殖可以获得新的个体或新的品种，从而延续生命。

花卉在人工栽培的情况下，不论是提供花、果，还是其他用途，都可以通过繁殖达成。通过育苗，可以在生产上获得最好的产品，把优良品种作为亲本进行繁育。种苗质量的好坏直接影响到生产的成败与苗木的产量和质量，因此植物的繁育是苗圃生产中的重要环节。

目前，随着社会的进步，城市工业污染等严重破坏了人们的生存环境，加快城市园林绿化，改善城市生态环境，美化生活环境，显得日益重要；随着人们生活水平的提高，室内花卉的用量也大幅度提高；因此花卉苗圃作为绿化材料及室内装饰材料的提供者，具有更加重要的社会作用。它作为城市园林绿地及室内装饰的一个重要组成部分，是城市园林绿化建设、室内装饰中最基础的工作。如何科学合理地在花卉苗圃育苗、培育大苗满足特殊绿化需求、减少病虫害的发生等，运用科学的技术和方法，提供高质量的苗木，已经成为城市花卉苗圃建设的主要任务。

城市绿地的特殊要求，也使得花卉苗圃在园林绿化中的地位越发重要。为了美化城市环境，不断调节和改善城市生态环境，城市园林绿化中不仅需要数量足够的花卉苗木供应，而且种类要丰富。花卉苗圃是专门为城市绿化定向繁殖和培育各种各样的优质绿化材料的基地，是城市园林绿化的重要基础。花卉苗圃可以通过繁殖培育苗木、引种、驯化苗木以及推广苗木等推动城市园林绿化的发展。同时，花卉育苗本身也是城市绿化系统的重要组成部分，其具有公园功能，可以形成独特的风景来丰富绿化内容。

三、花卉繁殖方法

花卉植物种类繁多，有草本、木本、球根类；有能结实的、不能结实的。这是植物本身长期自然选择和人工培育的结果。为了保证苗木在苗圃能够长期存活下去，保证有价值的园艺植物能够不断扩大群体，就必须对不同的植物种类、不同的繁殖器官，采用不同的繁殖方法。

花卉的繁殖方式有有性繁殖（种子繁殖）、无性繁殖（扦插繁殖、分生繁殖、嫁接繁殖、压条繁殖）。随着科学技术的进步，新的育苗技术不断出现，比如组织培养育苗、无土栽培育苗、穴盘育苗、工厂化育苗等。

有性繁殖与无性繁殖具有各自的优缺点。不同的繁殖方法对后代群体的表现有重要的影响。无性繁殖可以保持母本的遗传特性，许多重要的观赏植物大多采用无性繁殖，而对于一、二年生草本则更多的是采用种子繁殖的方法。在苗圃生产中，要根据实际生产情况选择合适的育苗方式，以获得更多更好的苗木。

四、花卉育苗的生产现状和发展趋势

花卉苗木是园林绿化建设的物质基础，花卉苗木的生产能力和状况在一定程度上决定了城市园林绿化的进程和发展方向，必须有足够数量的优质苗木才能保证园林事业的顺利发展。早在1958年，我国就召开了第一次全国城市绿化会议，会议指出：苗圃是绿化的基础，城市绿化需苗木先行等观点。到目前，基本每个城市都有自己的苗圃。

近年来苗圃的数量与日俱增，花卉苗圃迅速发展，花卉苗木被大量培育利用。各种新的育苗技术不断涌现来弥补传统育苗的不足，使得育苗工作突破时间、空间的限制。组培工厂生产基地的建设，组培繁育技术及先进的生物技术在苗木繁育中的应用，人工种子的大粒化技术、保护地育苗、容器育苗、无土育苗、全自动温室育苗等现代育苗技术的应用，以及轻型育苗基质的应用和全自动喷雾嫩枝扦插育苗技术的发展，大大提高了花卉苗木培育的水平和数量，丰富了苗木的种类，提高了苗木的整齐度和质量。

但是随着人们对园林绿化的要求越来越高，新的问题又开始出现。一方面现有的苗圃及园林植物的生产不能满足飞速发展的城市绿化的需求，城市绿化的苗木自给还比较困难，虽然各地都有了自己的苗圃，但还是不能完全实现苗木的自给，或者有特殊栽培需求的苗木不能自给，导致外来苗木不能很好地适应当地的土壤和气候环境条件，成活率和保存率得不到很好的保障。另一方面，很多花卉苗圃的苗木质量得不到保证，苗木的规格、质量、种类和造型等不能满足日益发展的绿化需求。这就要求苗圃工作者要努力做到科学合理地进行苗木的培育和繁殖工作，进一步开发利用更多的苗圃资源，特别是通过对花卉苗圃的苗木进行定向培育，使得苗木生产定向化、多样化，发掘潜在的绿化功能，争取做到苗木种类多样性、地域特点明显、苗木特色突出，实现低成本、高产出的可持续园林苗木生产，以保证为园林绿化提供品种丰富、品质优良且适应性良好的园林苗木。

第二章

苗圃地的选择与建立

花卉苗圃是专供城镇绿化与美化，为改善生态及居住环境，繁殖各种绿化用苗木的生产基地，既是培育绿化用苗木的场所，也是培育与经营绿化苗木的生产单位或企业。一个完善的苗圃或种植基地，就像是修路、建桥、盖楼一样需要经过前期的调查、论证、设计、施工，需要具体实施科学、缜密、可行的规划设计方案，盲目地播种或者育苗会给后期工作带来极大的混乱和损失。

过去，由于缺乏市场经济意识，我国的种植园或者是苗圃只是单纯的良种繁育基地。随着社会的发展与进步，大规模的绿化苗木被应用到园林绿化当中去，这就要求苗圃必然要成为一个独立的生产经营单位。因此，圃地在建立之前，必须要经过严格的论证等，要牢固树立经营的理念，努力实现经济效益最大化，从而实现可持续发展目标。

按一般程序，新建一个绿化用花卉苗圃，不仅要考虑苗圃所处的地理位置、环境条件、土壤状况、水源等，还要考虑所建苗圃的规模、用途；对市场进行充分的调查分析、政策导向、发展行情分析等，然后依托相关的专业机构进行科学可行的苗圃发展计划并依设计进行建设。

苗圃地的规划设计与建立

苗木的产量、质量以及成本投入等都与苗圃所在地的环境条件密切相关。在建立苗圃时，要对圃地的各种环境条件进行全面调查、综合分析、归纳分析等，结合圃地类型、规模及培育目标苗木的特性等，对圃地的区划、育苗技术以及相关内容提出可行的方案，具体要以文字的形式提供，经过相关部门的论证和批准后方可建设。

一、苗圃用地的选择

（一）苗圃的经营条件

1. 交通便捷

选择靠近铁路、公路、水路、机场的地方，以便于苗木和生产资料的运输。

2. 劳力、电力有保证

设在靠近村镇的地方，便于解决劳力、电力问题。尤其在春秋苗圃工作繁忙的时候，可以补充临时性的劳动力。

3. 科研指导

若能将苗圃建立在靠近相关的科研单位如高校、科研院所等附近，则有利于获得及时有效的先进的技术指导，有利于先进技术的应用，从而提高苗木的科学技术含量。

4. 空间足够

在种苗培育期间，经常要进行一些抚育管理工作，这就要求在圃地选择时要有足够的活动空间。

5. 远离污染

如果可能，避免与受空气污染、土壤污染和水污染等的区域太接近，以免影响苗木的正常生长于发育。

（二）苗圃的自然条件

1. 地形、地势及坡向

苗圃地宜选择灌排良好、地势较高、地形平坦的开阔地带。坡度以 1°～3° 为宜，坡度过大易造成水土流失，降低土壤肥力，不便于机械操作与灌溉。南方多雨地区，为了便于排水，可选用3°～5°的坡地。坡度大小可根据不同地区的具体条件和育苗要求来决定，在较黏重的土壤上，坡度可适当大些，在沙性土壤上坡度宜小，以防冲刷。在坡度大的山地育苗需修梯田。积水洼地、重盐碱地、多冰雹地、寒流汇集地，如峡谷、风口、林中空地等日温差变化较大的地方，苗木易受冻害、风害、日灼等，都不宜选作苗圃。

在地形起伏相对较大的山区，不同的坡向直接影响光照、温度、水分和土层的厚薄等因素，对苗木生长影响很大。一般南坡光照强，受光时间长，温度高，湿度小，昼夜温差变化很大，对苗木生长发育不利；西坡则因我国冬季多西北寒风，易遭受冻害。可见，不同坡向各有利弊，必须依当地的具体自然条件及栽培条件，因地制宜地选择最合适的坡向。如在华北、西北地区，干旱寒冷和西北风危害是主要矛盾，故选用东南坡为最好；而南方温暖多雨，则常以东南、东北坡为佳，南坡和西南坡阳光直射，幼苗易受灼伤。如在一苗圃内必须有不同坡向的土地时，则应根据树种的不同习性，进行合理安排，以减轻不利因素对苗木的危害。如北坡培育耐寒、喜阴种类；南坡培育耐旱、喜光种类等。

2. 土壤

土壤的理化性质直接影响苗木的生长，因此，其与苗木的质量及产量都有着密切的关系。大多数苗适宜生长在排水良好、具有一定肥力的沙质壤土或轻黏质壤土，土壤过于黏重或沙性过大都不利于苗木良好生长。土壤的酸碱性通常以中性、弱酸性或弱碱性为好，而实际生产中苗圃地的土壤条件都不是特别适合苗木的栽植或育苗，这就要求从业人员根据苗木的特性并结合土壤的特点进行调节或改良。

3. 水源及地下水位

苗木在培育过程中必须有充足的水分。有收无收在于水，多收少收在于肥，水分是苗木的生命线。因此水源和地下水位是苗圃地选择的重要条件之一。苗圃地应选设在江、河、湖、塘、水库等天然水源附近，以利引水灌溉。这些天然水源水质好，有利于苗木的生长，同时也有利于使用喷灌、滴灌等现代化灌溉技术。如能自流灌溉则能降低育苗成本。若无天然水源或水源不足，则应选择地下水源充足、可以打井提水灌溉的地方作为苗圃。苗圃灌溉用淡水，水中盐含量不超过1/1000，最高不得超过 1.5/1000。对于易被水淹和冲击的地方不宜选作苗圃。

地下水位过高，土壤的通透性差，根系生长不良，地上部分易发生徒长现象，而秋季停止生长晚，也易受冻害。当蒸发量大于降水量时会将土壤中的盐分带至地面，水走盐留，造成土壤盐渍化。在多雨时又易造成涝灾。地下水位过低，土壤易干旱，必须增加灌溉次数及灌溉水量，提高了育苗成本。在北方旱季，地下水位太深、无法提取的地方不宜建立苗圃。最合适的地下水位一般为沙土 1 ～ 1.5m，沙壤土 2.5m 左右，黏性土壤 4m 左右。

4.病虫草害

在选择苗圃时，一般都应做专门的病虫草害调查，了解当地病虫草害情况及其感染程度。病虫草害过分严重的土地和附近大树病虫害感染严重的地方，不宜选作苗圃。金龟子、象鼻虫、蝼蛄、立枯病、多年生深根性杂草等危害严重的地方不宜选作苗圃。土生有害动物如鼠类过多的地方一般也不宜选作苗圃。

二、规划设计的主要内容

圃地的规划设计就是为了合理布局圃地，充分利用空间，便于生产和管理，以及实现经营与发展目标，对圃地按照功能区进行划分，传统上苗圃通常划分为生产用地和辅助用地。生产用地主要是指直接用来生产苗木的地块，应当包括播种区、营养繁殖区、移栽区、大苗区、母树区、实验区、特种育苗区等；辅助用地则包括圃地中非直接用于苗木生产的占地，包括道路、灌排系统、防护林带、办公区，甚至还有展示区、生活福利区等。依据圃地的规格，辅助用地不能超过圃地总面积的 1/4。

（一）生产用地的区划原则

① 耕作区是苗圃中进行育苗的基本单位。

② 耕作区的长度依机械化程度而异，完全机械化的以200～300m为宜，畜耕者以50～100m为好。耕作区的宽度依圃地的土壤质地和地形是否有利于排水而定，排水良好时可宽，排水不良时要窄，一般宽40～100m。

③ 耕作区的方向应根据圃地的地形、地势、坡向、主风方向和圃地形状等因素综合考虑。坡度较大时，耕作区长边应与等高线平行。一般情况下，耕作区长边最好采用南北方向，可以使苗木受光均匀，有利生长。

（二）各育苗区的配置

1. 播种区

播种区是播种育苗的生产区，是圃地完成观赏灌木苗木繁殖任务的关键区域。由于幼苗对不良环境的抵抗能力弱，对土壤条件及水肥条件的要求较高。应选择全圃自然条件和经营条件最好、最有利的地段作为播种区。要求其地势较高而平坦，坡度小于2°；接近水源，灌排方便；土质最优良，深厚肥沃；背风向阳，便于防霜冻，且靠近管理区。

2. 无性繁殖区

是指在圃地中培育扦插苗、压条苗、分株苗和嫁接苗的地区，与播种区要求基本相同，应设在土层深厚和地下水位较高、灌排方便的地方。嫁接苗区要同播种区相同。扦插苗区可适当用较低洼的地方。珍贵树种扦插则应用最好的地方，且靠近管理区。

3. 移植区

即培育各种规格移植苗的区域。由播种区、营养繁殖区中繁殖出来的苗木，需要进一步培养成较大苗木时，则多移入移植区中进行培育。依规格要求和生长速度的不同，往往每隔2～3年还要再移几次，逐渐扩大株行距，增加营养面积。所以移植区占地面积相对较大，一般可设在土壤条件中等、地块大且整齐的地方。同时也要依苗木的不同习性进行合理安排。

4. 大苗区

大苗区是培育树龄较大，根系发达，经过整形有一定树形，能够直接用于园林绿化的各类大规格苗木的生产区。在大苗区培育的苗木，体型、苗龄均较大，出圃的不再进行移植，培育年限较长。大苗区的特点是株行距大，占地面积大，培育苗木大。一般选用土层较厚、地下水位较低而且地块整齐的地区。为了出圃时运输方便，最好能设在靠近苗圃的主干道或苗圃的外围等运输方便处。

5. 母树区

在永久性苗圃中，为了获得优良的种子、插条、接穗、根蘖等繁殖材料，需设立采种、采条、挖蘖的母树区。本区占地面积小，可利用零散地，但要土壤深厚、肥沃及地下水位较低。对一些乡土树种可结合防护林带和沟边、渠旁、路边进行栽植。

6. 引种驯化与展示区

用于引入新的树种或品种，进而推广，丰富圃地苗木种类。其中的实验区和驯化区可单独设置，也可混合设置。在国外，很多的苗圃都将二者结合设置成展示区或展示园，把优质种质资源和苗木品种的展示结合在一起，效果良好（图2-1）。

图2-1 某苗圃的布置

7.温室和大棚区

通过必要的设施提高育苗效率或苗木质量，是苗圃在市场竞争中获得成功的主要措施。可根据各苗圃的具体育苗任务和要求，设立温室、大棚、温床、荫棚、喷灌与喷雾等设施，以适应环境调控育苗的要求。近年来在我国的苗圃逐渐增多，并成为新的育苗技术的主要方式。温室和大棚投资较大，但具有较高的生产率和经济效益，在北方可一年四季进行育苗。在南方温室和大棚可以提高苗木的质量，生产独特的苗木产品。该区要选择距离管理区较近、土壤条件好、比较高燥的地区（图2-2）。

（三）辅助用地的规划设置

苗圃的辅助用地主要包报括道路系统、排灌系统、防护林带、管理区的房屋、场地等，这些用地是直接为生产苗木服务的，要求既要能满足生产需要，又要设计合理，减少用地。

1.道路系统的设置

苗圃中的道路是连接各耕作区与开展育苗工作有关的各类设施的动脉（图2-3）。一般设有一、二、三级道路和环路。一级路也叫主干道，是苗圃内部和对外运输的主要道路，多以办公室、管理处为中心设置一条或相互垂直的两条路为主干道，通常宽6～8m，其标高应高于耕作区20cm。二级路通常与主干道相垂直，与各耕作区相连接，一般宽4m，其标高应高于耕作区10cm。三级路是沟通各耕作区的作业路，一般宽2m。环路是指在大型苗圃中，为了车辆、机具等机械回转方便，可依需要设置环路。在设计出圃道路时，要在保证管理和运输方便的前提下尽量节省用地。中小型苗圃可不设二级路，但主路不可过窄，一般苗圃中道路的占地面积不应超过苗圃总面积的7%～10%。

2.灌溉系统的设置

苗圃必须有完善的灌排水系统，以保证供给苗木充足的水分。灌溉系统包括水源、提水设备和引水设施三部分。常见的灌溉形式有渠道灌溉、管道灌溉和移动喷灌。

图2-2 温室区 图2-3 圃地主干道

（1）渠道灌溉 土渠流速慢、渗水快、蒸发量大、占地多，不能节约用水。现都采用水泥槽作水渠，既节水又经久耐用。水渠一般分三级：一级渠道是永久性大渠道，一般主渠顶宽1.5～2.5m；二级渠道一般顶宽1～1.5m；三级渠道是临时性小水渠，一般宽度为1m左右。一、二级渠道水槽底部应高出地面。三级渠（毛渠）水槽底部应平于或略低于地面，以免把活沙冲入畦中而埋没幼苗。各级渠道的设置常与各级道路相配合，渠道方向与耕作区方向一致，各级渠道相互垂直。渠道还应有一定的坡降，以保证水流速度。

（2）管道灌溉 主管和支管均埋入地下，其深度以不影响机械化耕作为度，开关设在地端使用方便。用高压水泵直接将水送入管道或先将水压入水池或水塔再流入灌水管道。出水口可直接灌溉，也可安装喷头进行喷灌或用滴潜管进行滴灌（图2-4）。

（3）移动喷灌 主水管和支管均在地表，可随意安装和移动（图2-5）。按照喷射半径，以相互能重叠喷灌安装喷头，喷灌完一块苗木后再移动到另一地区。此方法一般节水20%～40%，节省耕地，不产生深层渗漏和地表径流，土壤不板结。并且，可结合施肥、喷药、防治病虫害等抚育措施，节省劳力，同时可调节小气候，增加空气湿度。这是今后园林苗灌溉的发展方向。

3. 排水系统的设置

排水系统对地势低、地下水位高及降雨量集中的地区更为重要。排水系统由大小不同的排水沟组成。大排水沟应设在圃地最低处，直接通入河流或市政排水系统。中小排水沟通常设在路旁，耕作区的小排水沟与小区步道相结合。在地形、坡向一致时，排水沟和灌溉渠往往各居道路一侧，沟、路、渠并列。排水沟与路渠相交处应设涵洞或桥梁。一般大排水沟宽 1m 以上，深 0.5 ～ 1.0m；耕作区内小排水沟宽 0.3 ～ 1m，深 0.3 ～ 0.6m。排水系统占地一般为苗圃面积的 1% ～ 5%。

图 2-4　管道灌溉　　　　　　　　　图 2-5　移动喷灌

4. 防护林带的设置

在风沙危害地区，要设防护林带。防护林带能降低风速，减少地面蒸发和苗木的蒸腾量，提高地面空气湿度，改善林带内的小气候；还能防止风蚀圃地表土；防止风吹、沙打和沙压苗木；在冬季有积雪的地区，防护林带能增加积雪，改善土壤墒情，并有保温作用。因此在风沙危害的地区，设置防护林带是提高苗木产量和质量的有效措施。防护林带主林带与主风向垂直，宽度根据圃地面积大小和气候条件确定。

为防止野兽、家畜及人为侵入圃地，可在苗圃周围设置生篱或死篱。生篱要选生长快、萌芽力强、根系不太扩展并有刺的树种，如女贞、木槿、野蔷薇、侧柏等。死篱可用树干、木桩、竹枝等编制而成，有条件的地方可砌围墙。近年来，在国外为了节省用地和劳力，也有用塑料制成的防风网、防护网，占地少且耐用。

5. 办公管理区的设置

该区域包括房屋建筑和圃地场院等部分。前者主要包括办公室、宿舍、食堂、仓库、工具房等，后者包括运动场、晒场、肥场等（图 2-6 ～图 2-8）。苗圃管理区应该设在交通方便、地势干燥、接近水源与电源但不适于种苗种植的区域，可设在苗圃的中央区域以便于管理。在国外，可以在管理区周边结合绿化展示本圃的优良种苗，使得前来购买的人马上可以看到景观效果或绿化效果。

图2-6　某校园苗圃规划设计图中的办公区和水域

图2-7　某生态苗圃平面图及功能分区

图2-8　一个大型园艺种植园

三、苗圃设计图的绘制和设计说明书的编写

（一）绘制设计图前的准备

在绘制设计图时，首先要明确苗圃的具体位置、圃界、面积、育苗任务，还要了解育苗种类、培育的数量和出圃规格，确定苗圃的生产和灌溉方式，必要的建筑和设施设备以及苗圃工作人员的编制，同时应有建圃任务书、各有关的图画材料如地形图、平面图、土壤图、植被图，搜集有关其自然条件、经营条件以及气象资料和其他有关资料等。

（二）花卉苗圃设计图的绘制

在相关资料搜集完整后，应对具体条件全面综合，确定大的区划设计方案，在地形图上绘出主要建筑区建筑物具体位置、形状、大小以及主要路、渠、沟、林带等位置。再依其自然条件和机械化条件，确定最适宜的耕作区的大小、长宽和方向，然后根据各育苗要求和占地面积，安排出适当的育苗场地，绘出苗圃设计草图。经多方征求意见，进行修改，确定正式设计方案，即可绘制正式图。正式设计图应依地形图的比例尺将建筑物、场地、路、沟、林带、耕作区、育苗区等按比例绘制。在图外应有图例、比例尺、指北方向等。同时各区各建筑物应加以编号或文字注明。

（三）花卉苗圃设计说明书的编写

设计说明书是花卉苗圃规划设计的文字材料，它与设计图（图2-9）是苗圃设计不可缺少的两个组成部分。图纸上表达不出的内容，都必须在说明书中加以阐述。一般按总论和设计两个部分进行编写。

1. 总论

主要叙述该地区的经营条件和自然条件，并分析其对育苗工作的有利因素和不利因素以及相应的改造措施。

（1）经营条件

① 苗圃所处地理位置，当地居民的经济、生产、劳动力状况及对苗圃生产经营的影响。

② 苗圃的交通运输条件。

③ 水力、电力和机械化条件。

④ 苗圃成品苗木供给的区域范围、市场目标及发展展望。

（2）自然条件

① 气候条件。

② 土壤条件。

③ 病虫草害及植被情况。

④ 地形特点。

⑤ 水源情况。

2. 设计部分

（1）苗圃的面积计算。

（2）苗圃的区划说明　见图2-9。

① 耕作区的大小。

② 各育苗区的配置。

③ 道路系统的设计。

④ 排灌系统的设计。

⑤ 防护林带及防护系统的设计。

⑥ 建筑区建筑物的设计。

⑦ 保护地大棚、温室、组培室等的设计。

3. 育苗技术设计。

4. 建圃的投资和苗木成本回收及利润计算

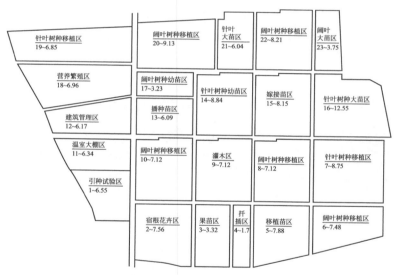

图2-9　某苗圃苗区分布图（引自柳振亮《园林苗圃学》）

注：横线下方数据代表某区域的长度和宽度（单位为m）

四、花卉苗圃的建立

　　园林苗圃的建立，主要指兴建苗圃的一些基本建设工作，其主要项目是房屋、温室、大棚、各级道路、沟、渠的修建，水、电、通讯的引入。土地平整和防护林带及防护设施的修建，房屋的建设和水电通讯的引入应该在其他各项建设之前进行。

1. 房屋建设和水电、通讯引入

近年来为了节约土地，办公室、仓库、车库、机械库、种子库等尽量建成楼房，少占平地，多利用立体空间，最好集中在圃地的某一区域集中建设。水、电、通讯是搞好基建的先行条件，应该最先安装引入。

2. 圃路的施工

施工前先在设计图上选择两个明显的地物或两个已知点，定出主干道的实际位置，再以主干道的中心线为基线，进行圃路系统的定点放线工作，然后方可进行修建（图2-10）。圃路的种类很多，有土路、石子路、灰渣路、柏油路、水泥路等。一般苗圃的道路主要为土路，施工时由路两侧取土填于路中，形成中间高两侧低的抛物线形路面，路面应夯实，两侧取土处应修成整齐的排水沟。其他种类的路也应修成抛物线形路面。

图2-10　苗圃的道路

图2-11　圃地的灌溉水渠

3. 灌水系统修筑

先打机井安装水泵，或泵引河水。引水渠道的修建最重要的是渠道的落差应符合设计要求，为此需用水准仪精确测定，并打桩标清。修筑明渠按设计的渠宽度、高度及渠底宽度和边坡的要求进行填土，分层夯实，筑成土堤（图2-11）。当达到设计高度时，再在堤顶开渠，夯实即成。为了节约用水，现大都采用水泥渠作为灌水渠。修建的方法是：先用修土渠的方法，按设计要求修成土渠，然后再在土渠沟中向四下挖一定厚度的土出来，挖的土厚与水泥渠厚相同，在沟中放上钢筋网，浇筑水泥，抹成水泥渠，之后用木板压之即成。若条件再好的话，可用地下管道灌水或喷灌，开挖 1m 以下的深沟，铺设管道，与灌水渠路线相同。移动喷灌只要考虑到控制全区的几个出水口即可。

4. 排水沟的挖掘

一般先挖向外排水的总排水沟。中排水沟与道路边沟相结合，修路时已挖掘修成。小区内的小排水沟可结合整地挖掘，也可用略低于地面的步道来代替。要注意排水沟的坡降和边坡都要符合设计要求（坡度 3/1000 ～ 6/1000 ）。

5. 防护林的营建

一般在路、沟、桥完工后立即进行，以保证开圃后能尽快地起到防护的作用。用大苗交错成行栽植，株行距要按要求进行，基本上呈"品"字形交错排列。栽植后要及时给予水肥管理，以保证所选大苗的成活，且应注意经常养护。

6. 土地平整

按整个苗圃土地总坡度进行削高填低，整成具有一定坡度的圃地。坡度不大的时候可以结合之前道路整修或沟渠挖掘进行，或者等待开圃后结合合理耕作逐年进行，这样可节省开圃时的施工投资，且使原有表土层不被破坏，有利苗木生长。坡度过大必须修梯田，这是山地苗圃的主要工作项目。

7. 土壤改良

在圃地中如有盐碱土、沙土、重黏土或城市建筑墟地等不适合苗木生长时，应在苗圃建立时进行土壤改良工作。对盐碱地可采取开沟排水，引淡水冲碱或刮碱、扫碱等措施加以改良；轻度盐碱土可采用深翻晒土，多施有机肥料，灌冻水和雨后（灌水后）及时耕除草等农业技术措施，逐年改良；对沙土最好用掺入黏土和多施有机肥料的办法进行改良，并适当增设防护林带；对重黏土则应用混沙、深耕、多施有机肥料、种植绿肥和开沟排水等措施加以改良；对城市建筑废墟或城市撂荒地的改良，应以除去耕作层中的砖、石、木片、石灰等建筑废弃物为主，清除后进行平整、翻耕、施肥，即可进行育苗。

苗圃苗木生产设施与设备

根据苗圃经营的目标与生产计划以及育苗的技术工艺的要求，建设不同类型与不同功能的温室等育苗设施，并且依据生产管理技术，选购配置所需机械设备已经成为圃地进行各类苗木繁殖栽培技术更新的必要条件，是圃地建设中一项重要的建设内容。

一、苗圃苗木生产设施

设施育苗与栽培已经成为苗圃生产不可或缺的内容，它是通过人工、机械或智能化技术，有效地改善或调节设施内的温度、光照、湿度、气体等环境要素，以便达到苗木周年化生产的目的。这就使了解圃地中用到的设施类型、结构和功能对于圃地的建设变得尤为重要。

（一）苗床

苗床是用于培育植物秧苗的小块土地，根据是否具备加温条件可分为露天苗床和室内苗床两类。露天育苗用于春、夏、秋的露地育苗，室内育苗有温床和冷床两种。温床可以通过加温促使种苗快速生长，多用于冬季和早春的错季或反季节育苗。在露天育苗中，根据作业方式的不同，常见的有高床、低床、平床（图 2-12、图 2-13）、垄作和平作。

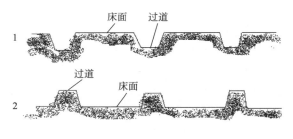

图 2-12　苗床

1—高床；2—低床；3—平床

1. 高床

床面高出步道的苗床称之为高床，指在整地后步道土壤覆盖于床面，使得床面高出步道。一般高度在 15 ~ 25cm，床面宽 100cm 左右，步道宽 40cm 左右，长度则依据地形和灌水方式而异。喷灌、机械化程度高时，苗床可以稍微变长。高床的优点是排水良好，肥土

图 2-13　高床

层厚，通透性高，便于应用侧方灌溉，床面不容易板结，步道也可以应用到灌溉和排水中。但作床和后期的管理相对比较费时费工，灌溉费水。

2. 低床

低床是指地面低于步道的苗床。步道即床埂。床的规格和高床相似，长度同样视具体情况而定，以东西走向为好。低床作床比较省工，灌溉方便，有利于灌水，但不利于排水，灌溉后床面容易板结。适用于降水量少、雨季无积水的地区，或对土壤水分要求不严、稍耐积水的树种。在我国华北、西北湿度不足和干旱地区育苗应用较广。

3. 平床

平床是指地面与步道持平的苗床。各自的宽度同高低床。

4. 垄作

垄底宽度一般为 60 ~ 80cm，垄高 10 ~ 20cm，垄顶宽度 20 ~ 25cm，垄长要根据地形，一般 20 ~ 25m，最长不应超过 50m。垄作具有高床的优点，同时可节约用地。由于垄距大，通风、透光较好，所以苗木生长健壮而整齐，根系发达，幼苗中耕、除草方便。垄作可以采用机械化或用畜力工具生产，因而减轻了工人的劳动强度，提高了工作效率，降低了苗木成本。一些苗圃的机械作业通常用机引作垄犁。目前各大苗圃在生产中越来越多地采用大田育苗的作业方式。

5. 平作

平作是不作床或不作垄，将圃地整平后，按距离要求划线，进行育苗。如北京地区播种大粒种子核桃等树种采用平作。还有一些树种采用多行带播，能提高土地利用率和单位面积的苗木产量。草坪生产采用平作的育苗方式。

（二）风障、阳畦和温床

1. 风障

风障运用于苗木栽植中，是中国北方苗木生产简单的保护设施之一，用于阻挡季风，提高苗床内温度，由基埂、篱笆组成。披风风障还包括披风部分。篱笆是风障的主体，高度为 2.5 ～ 3m，一般由芦苇、高粱秆、玉米秸、细竹、松木等构成；基埂是篱笆基部北面筑起来的土埂，一般高约 20cm，用以固定篱笆；披风是附在篱笆北面的柴草层，用来增强防风、保温功能，其基部与篱笆一并埋入土中。在绿化生产中，风障可阻挡寒风，防寒作用很大，可提高局部环境温度与湿度。《北京城市园林苗圃规程》中规定，怕冻苗、怕风干的幼苗，在北方地区尤其要在西北方向架设风障，风障要高出防寒苗 2m，风障间距不超过 25m。珍贵、繁殖小苗区可以在西北方向选用侧柏作风障，效果相对较好（图 2-14）。

图 2-14　苗圃地常见风障类型

2. 阳畦

阳畦又叫冷床，是由风障演变成的利用太阳光热保持温度的保护设施（图 2-15 ～图 2-18）。冷床由畦心、土框、覆盖物和风障四部分构成。畦心一般宽 1.5m、长 7m。土框的后墙高 40cm，底宽 40cm 左右，上宽 20cm；前土墙深 10 ～ 12cm，东西两边墙宽 30cm，按南（前）北（后）两墙的高度做成斜坡状。

建造冷床，一般在秋收后冰冻前进行。首先把耕层表土铲在一边留作育苗用。若土太干，需提前 2 ～ 3 天浇水。畦框北墙需上夹板

花卉育苗技术手册

装土打夯，然后用扎锹按尺寸铲修。畦框做成后，在畦框北墙外挖一条沟，沟深 25～30cm，挖出的土翻在沟北侧。然后用芦苇、高粱秆或玉米秸等，与畦面成 75°角，立入沟内，并将土回填到风障基部。为增强其抗风性能，可随秸秆茬花插入数根竹竿或木杆。同时，在风障北面要加披稻草或草苫，再覆以披土并用锹拍实。在风障离后墙顶1m 高处加一道腰栏，把风障和披风夹住捆紧。

图 2-15　阳畦（一）　　　　图 2-16　阳畦（二）

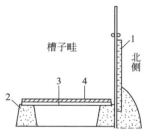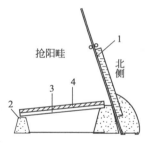

图 2-17　阳畦的结构

1—风障；2—畦框；3—玻璃窗；4—草苫

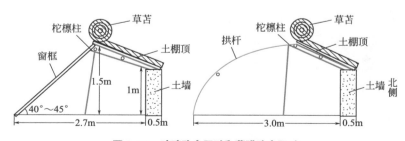

图 2-18　玻璃改良阳畦和薄膜改良阳畦

冷床上的覆盖物分透明和不透明两层。透明覆盖物多为农用塑料薄膜，一般采用平盖法，即把薄膜覆盖在竹竿支架上，先将北畦墙上的薄膜边缘用泥压好，待播种或分苗后将其余三边封严。在薄膜上边需用尼龙绳或竹竿压牢，以防大风把薄膜刮开。不透明覆盖物主要用蒲席或草苫，一般宽1.6m、长7.5m。

3.温床

温床本意是指有加温、保温设施的苗床，主要供冬春育苗用，是一种既利用太阳热，也用人工简易加温的苗床。一般为南低北高的框式结构，园艺栽培上用得很多。主要结构为床框和床盖。床框是以砖、水泥、木材、稻草制成的，北高60～80cm，南高45～65cm，宽约1.2m。床盖用木制窗架并嵌以玻璃做成，一般长约1m、宽约80cm。

温床是在冷床基础上增加人工加温条件以提高床内地温和气温的保护设施。根据地下水位高低、保温程度等不同，温床又分为地上式、地下式和半地下式三类。其中，半地下式温床因建造省工、床内的通风与保温效果好而广为应用。温床热源除太阳辐射热外，还有酿热热源、电热、地热、气热及火热等，以电热温床和酿热温床应用最为广泛。

（1）电热温床　准备长100m、功率为800W的电热线一根；粗1cm、长10cm短棍20根；碎草、树叶、锯末若干；宽1～4cm、长2m左右竹片8～10根，农用塑料薄膜1.5～2.0kg。选电源、水源较近，背风向阳的地块，面积不少于10m²。挖东西走向长10.5m、宽1.2m、深18～20cm的一个床坑，然后将准备好的碎草、树叶、锯末等铺于床底整平踏实后，厚度在5cm左右，作为隔热层。最后在上面再铺一层厚约1cm的细沙，将细沙用木板刮平即可布线（图2-19、图2-20）。先按10cm间距在苗床两端距东西两侧床边15cm处各插一排短棍，然后将电热线贴地面沙层绕好，并使电热线两端导线部分从床内同侧伸出，

图2-19　电热温床

以便连接电源。布线完毕用少量细沙把电热线盖严，然后铺床土。布好的电热线不能交叉和重叠，防止两线交叉受热时漆皮脱落而造成短路。床土要过筛，厚度为 8 ～ 10cm。最后，用竹片插拱作棚，然后盖上塑料薄膜，再盖上一层草苫，即成一个简易电热温床。

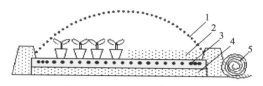

图 2-20　电热温床结构示意

1—薄膜；2—床土；3—电热线；4—隔热层；5—草苫

（2）酿热温床　酿热温床是利用好气性微生物（如细菌、真菌、放线菌等）分解有机物时产生的热量加温的一种苗床或栽培床。酿热温床的温度调节可以用调节酿热物碳氮比及紧密度、厚度和含水量来实现。根据酿热物含有的碳氮不同，可分为高温型酿热物（如新鲜马粪、新鲜厩肥、各种饼肥、棉籽皮和纺织屑等）和低温型酿热物（如牛粪、猪粪、落叶、树皮及作物秸秆等）两类。一般采用新鲜马粪、羊粪等作酿热材料，适合培育喜温的园艺植物幼苗。也可根据培育幼苗种类，将高温、低温酿热材料混用。但低温酿热材料不宜单独使用。除选用酿热材料外，还可通过调节床内不同部位的酿热物厚度来调节床温（图 2-21），以减少局部温差。

图 2-21　酿热温床

（三）荫棚

荫棚是用来庇荫的栽培设施，其作用为防止强烈阳光直射，降低地表温度，增加贴地层空气湿度及调节苗床光照强度，它对促进许多绿化苗木的繁殖、成活与生长以及移栽苗木成活都有很好的效果。

搭建荫棚时，要考虑苗床和需要遮阴部位面积的大小，可以是永久性的，也可以是临时性的（图2-22、图2-23）。遮阴材料可以因地制宜，所选材料常见的是遮阴网。遮阴网是以聚乙烯为主要原料，通过编织而成的一种轻质、高强度、耐老化、网状的新型覆盖材料。与传统的覆盖材料相比，遮阴网具有轻便、省工、省力的特点，而且寿命长、成本低，利用其遮阴具有遮光降温、防止冰雹危害、防止暴雨冲刷、避免土壤板结、防旱保墒以及减少病虫害的发生等作用。

图2-22　永久性荫棚　　　　图2-23　临时性荫棚

　　荫棚的遮阴效果取决于遮阴网的种类。遮阴网依据颜色的不同有黑色、白色、银灰色、绿色、黄色以及黑白相间等；依据透光率大小分为35%～50%、50%～65%、65%～80%和80%以上，应用最多的是50%～65%的黑网和65%的银灰网。遮阴网的选择是荫棚栽培的关键，应该根据苗木的生长习性，选择具有适合的遮光率的遮阳网作为覆盖材料。此外，还要根据天气特别是光照条件灵活应用。

（四）拱棚

　　拱棚是以塑料薄膜聚氯乙烯、聚乙烯为主要覆盖材料，以竹木、钢材等轻便材料为骨架，搭建而成的拱形或其他形状的棚（图2-24），是苗圃及其他园艺生产中最常见的育苗设施。虽然对于拱棚的规格没有明显的界定，但常见的拱棚分为小拱棚、中拱棚和大棚。

　　小拱棚高1.0～1.5m，人无法在棚内直立行走。生产中最常见的或者应用最普遍的是拱圆形小拱棚，主要用竹片、竹竿或细的钢筋等材料制成。小拱棚的性能主要体现在光照、温度以及湿度等环境因子的调控能力上。一般而言，小拱棚光照比较均匀，覆盖初期塑料薄膜无水滴，无污染时透光率可以达到 76% 以上，覆盖后期透光率也不会低于 50%。小拱棚具有取材方便、容易建造、成本低等优点。小拱棚内光照均匀，白天增温快，夜间加盖草苫可保温。小拱棚适宜春季蔬菜育苗或分苗，种植耐寒的叶菜类蔬菜，也可进行果菜类蔬菜春提早或秋延晚栽培。

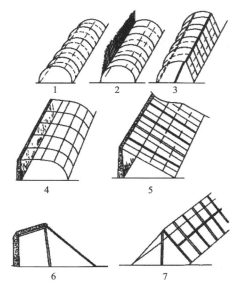

图 2-24　中小拱棚的几种覆盖类型

1—拱圆棚；2—拱圆棚加风障；3—光拱圆棚；

4—土墙光拱圆；5—单斜面棚；6—薄膜改良阳畦；7—双斜面三角棚

中拱棚面积与小拱棚相比较大，人可以在棚内直立行走作业，是小拱棚和大棚的中间类型，生产中常用的中拱棚主要为拱圆形结构，一般跨度为 3～6m，高度为 2.0～2.8m，长度可根据需要与地块情况而定。同样一般用竹片或钢筋来设立支柱，若用钢管则不用设立支柱。按使用材料的不同，拱架可分为竹片结构、钢架结构或竹片与钢架的混合结构，最近开始流行管架装配式拱棚，由专门的厂家生产，质量、售后有保证，安装、维修方便。

大棚是用塑料薄膜覆盖的大型拱棚。与温室相比，它具有结构简单、建造方便、一次性投入少等优点；与小拱棚相比，它具有坚固耐用、使用寿命长、棚体空间大及有利于生产作业、苗木生长、环境调控等优点。因此，大棚是一种建设成本低、使用方便、经济效益高且简单实用的保护地栽培设施。可以充分利用太阳能，利用薄膜的开闭来调节棚内的温度和湿度，可以延长育苗时间，缩短育苗周期，达到全年生产的目的。

（五）温室

温室是以采光覆盖材料作为全部或部分围护结构材料，在不适于苗木生长的季节提供苗木生长的环境条件的建筑设施。温室的类型很多，根据覆盖材料的不同有玻璃温室、塑料薄膜温室、PC板日光温室（图2-25）；根据骨架建材分为竹木温室、钢架温室、钢筋混凝土温室（图2-26）、铝合金温室；根据热量来源分为日光温室和现代温室；根据使用功能的不同分为生产温室、教学科研温室、商业温室和庭院温室等。

图2-25　PC板日光温室　　　　图2-26　钢筋混凝土温室

1.日光温室

日光温室大多以塑料薄膜为采光覆盖材料，以太阳辐射为热源，使采光屋面最大限度采光，加厚的墙体与后坡、防寒沟、草苫等最大限度保温，充分利用光热资源，为植物的生长创造适宜的生长环境，在苗木生产中应用普遍。日光温室透光、保温、能耗低、投资少，是非常适合我国国情的独特的栽培设施。

2.现代温室

现代温室或现代化加温温室就是我们平常所说的连栋温室，也叫智能温室。其内部有先进的环境控制和装配设施，能够实现计算机控制，基本上不受外界环境的影响和控制，能全年生产。目前在我国的木本植物繁育中，现代温室主要用于穴盘育苗和容器育苗。由于其具备完善的功能，在现代温室中我们可以看到自然通风系统、加热系统、幕帘系统、降温系统、补光系统、补气系统、灌水施肥系统、苗床系统等（图2-27、图2-28）。

图2-27　现代温室的风机

图2-28　现代温室的水帘

二、苗圃苗木生产设备与机械

（一）苗木生产设备概述

随着苗木生产机械化水平以及劳动力成本的提高，越来越多的苗圃开始使用机械，但由于机械相对昂贵，中小苗圃一般难以承受，这在一定程度上限制了苗圃的专业化进程和大型化发展速度。有一些专门的苗圃生产机械和传统农业具有相似之处，见图2-29～图2-32。

图2-29　现代温室的喷雾降温系统

图2-30　现代温室的补光灯

图2-31 现代温室的移动苗床　**图2-32 现代温室的计算机控制系统**

（二）苗圃管理机械

1. 旋耕机

旋耕机是一种利用旋转刀轴上的旋耕刀对土壤进行旋转切削的耕地机械。按刀轴的配置方式不同，旋耕机分卧式和立式两大类，在实际生产中卧式旋耕机使用比较普遍。卧式旋耕机的特点是碎土能力强、耕后土层松碎、地表平坦、一次耕作可达到普通铧式犁和耙几次作业的松碎效果，在苗圃作业中的效率比较高。

2. 悬挂式旋耕机

悬挂式旋耕机的结构如图2-33所示，它由中央传动箱、侧传动箱、刀轴、刀片、罩壳、悬挂架等组成。中央传动箱多采用直齿锥齿轮传动，侧传动箱则有链传动和齿轮传动两种结构。动力由拖拉机动力输出轴输出后，经中央传动箱、侧传动箱驱动刀轴旋转，使按一定规律安装在刀轴上的旋耕刀片依次切削土壤。土壤的切削深度可以通过拖拉机的三点悬挂机构进行调节。悬挂式旋耕机的工作幅宽有75cm、100cm、125cm、150cm、175cm、200cm、225cm 七个规格，已形成系列，我国的标准是把悬挂式旋耕机分成轻小型、基本型、加强型三种。

3. 筑床机

筑床机是用于在苗圃修筑苗床的机械。林木苗床的技术要求是：土壤要细碎、疏松，土壤与肥料要混合搅拌均匀，床面要平整，规格要一致。筑床机有铧式与旋耕式两种类型，常用为旋耕式筑床机（图2-34）。

花卉育苗技术手册

图2-33　悬挂式旋耕机　　　　图2-34　旋耕式筑床机

（三）扦插机械

扦插是苗木生产中常用的无性繁殖方法，主要阔叶树种如杨、柳、泡桐等以及部分针叶树种都可以采用扦插育苗。与播种培育的实生苗相比，扦插育苗的生长速度快，并能把母本的优良特性遗传给后代，是良种繁育的主要方法。扦插育苗有插条、插根、插芽、插叶等多种方式，在林木种苗的培育中以插条为主要方式。插条育苗比较简单，它是将林木的苗干或枝条按一定长度切割成插穗，将插穗插入苗床（或垄、畦）进行繁殖，苗木的质量比较好，可使用的机械主要是切条机和插条机。

1. 切条机

切条机是将充分木质化而且发育良好的苗干或枝条截制成一定规格和要求的插穗的机械。不同树种、不同地区的插穗规格和要求不完全相同，大多数插穗的长度为 10～15cm，径粗 0.8～2cm，每根插穗上应保留芽苞，有的还要求插穗的第一个芽苞在离顶端 1～2cm 处，以便更好地萌发。对切条机的作业质量要求是：插穗的切口要平滑，不破皮、不劈裂、不分芽。切条机按切割方式有剪切式和锯切式两类。剪切式切条机的工作装置由动刀片和固定刀片组成，固定刀片为轴，动刀片在其上做往复运动完成剪切动作。动刀片由电动机驱动，经减速后通过曲柄连杆机构带动动刀片做往复运动，一般切条机每分钟剪切 100 次。剪切长度即插穗长度由标尺和挡块控制，可以调节。有的切条机还可自动选芽，吉林省生产的一种自动选芽切条机就可满足插穗第一个芽苞距顶端 1～2cm，采用回转的刀片选芽块，并配以微电动开关，使其能发出选芽信号，以控制剪切式切条机的间歇动作，从而完成自动选芽切条作业。

2. 插条机

插条机是将插穗按规定深度和株行距植入土中的机械。按林业技术要求，扦插育苗的作业方式主要采用垄作和平作。目前使用的插条机主要是栽植式插条机，与植树机和移栽机的结构很相似，它由开沟、分条、投条、覆土、压实等工作部件构成。其工作原理为：按规定的行距开出窄沟，在沟内等距投入插穗，然后覆土、压实。分条机构是插条机的关键部件，其技术要求是能将贮放在苗箱内的插穗顺序单根排队，并连续准确地递给投条装置。

（四）移栽机械

1. 移栽机

移栽机是用于移栽小苗的机械。小苗移栽是苗圃将小苗从苗床或将容器苗从温室移植到大田，并在大田培育成大苗的重要工序，以往主要靠手工作业，劳动消耗量大。目前已研制成多种移栽机械，但所有移栽机的投苗栽植原理全部采用开沟覆土压实的工艺，只是投苗机构不同带来性能上的差异。常见的移栽机见图 2-35。

图 2-35　导管苗式移栽机　　　**图 2-36　大型苗木起苗机**

2. 起苗机

起苗机是苗木出圃时用于挖掘苗木的机械（图 2-36）。起苗质量的好坏直接关系到苗木出圃后造林的成活率，因此对起苗机有严格的技术要求：起苗深度必须保证苗木根系的基本完整，根系的最低长度要达到国家标准对有关树种苗木质量的规定值，2～3年生阔叶树苗的根系长度要在20cm以上，针叶树造林苗的根系长度要达到30cm，作业时要尽量少伤侧根、须根，不折断苗干，不伤顶芽，起苗株数损伤达到率，针叶树不超过2%，阔叶树不超过3%。

第三章

花卉播种繁殖

第一节

种子的类型、采集和处理

一、不同类型种子的采集

（一）种子的类型

1. 按种子粒径大小

种子按粒径大小（以长轴为准）可分为以下五类：超大种实，粒径在 10.0mm 以上，如桃、芒果、荷花、大丽花等；大粒种实，粒径在 5.0～10.0mm，如牵牛、牡丹、紫茉莉等；中粒种实，粒径在 2.0～5.0mm，如紫罗兰、矢车菊、金盏菊、落葵、仙客来、合欢等；小粒种实，粒径在 1.0～2.0mm，如三色堇、千日红、含羞草、香石竹、美女樱、翠菊等；微粒种实，粒径在 0.9mm 以下，如四季秋海棠，金鱼草、石竹、瓜叶菊等（见图 3-1～图 3-6）。

图 3-1 芒果种子

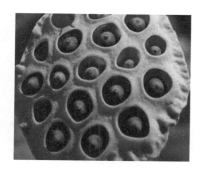

图 3-2 荷花种子

图 3-3 牡丹种子

图 3-4 紫茉莉种子

图 3-5 合欢种子

图 3-6 含羞草种子

2. 按种子形状

种子按形状分类可分为球形、卵形、披针形、线性、椭圆形、肾形、镰刀形、长圆形等（见图 3-7）。

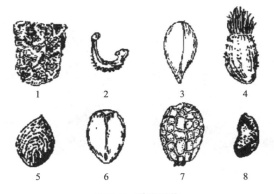

图 3-7　种子形状

1—金鱼草（广卵形）；2—金盏菊（镰刀形）；3—三色堇（卵形）；

4—矢车菊（长圆形）；5—桃（肾形）6—牵牛（棱状卵形）；7—秋海棠（椭圆形）；8—木荷（耳形）

（二）种子的采集

1. 种子的成熟

（1）种子成熟的过程　种子在成熟过程中，种子的内部总发生一系列复杂的生物化学变化，干物质在种子内部不断积累，各有机质从茎、叶流入种子，以糖、脂肪和蛋白质的形态贮存在种子内部。种子发育初期，内部充满液体，由于贮藏物质不断积累，这种液体逐渐混浊而成为乳状。以后水分继续减少，不断浓缩，最后种子内部几乎全被硬化的合成产物所充满。

在物理性状上，种子的成熟过程常常表现为绝对重量的增加和含水量的下降，种子充实饱满，种皮组织硬化，透性降低；在外观形态上随物种呈现出不同的颜色和光泽；在生理上则种胚有了发芽能力。

（2）种子生理成熟和形态成熟　种子的成熟过程非常复杂，真正的成熟包括两个方面：生理成熟和形态成熟。

① 生理成熟：种胚发育到具有发芽能力时称为生理成熟。这个时期的特点是：含水量高，种子内营养物质仍在不断积累，营养物质处于易溶状态，种皮不致密，保护性能差，易感染病。采后易收缩而干瘪，不易保存，很容易丧失发芽力。因此，仅生理成熟的种子不宜

采收。

②　形态成熟：种子的外部形态呈现出成熟特征时称形态成熟。这个时期的特点是：含水量低，种子内部营养物质积累结束，营养物质由易溶变为难溶状态，种皮坚硬致密、有光泽，抗病能力强，种子呼吸作用微弱，耐贮藏。一般种子适宜在这个时期采集。

2. 种子采收时期

采种期适宜与否对种子质量影响很大。过早则种子未发育成熟，过晚时易飞散的种子难以采到，不易飞散的种子易遭鸟害、虫害等，从而影响质量。必须确定适宜的采种期。采种期应以成熟期、脱落期、脱落方式及其他来确定，保证质量适时时采种。种子进入形态成熟期后，种实逐渐脱落，不同树种脱落的方式不同。

种子成熟后，果实开裂快，种子易脱落，种子应在未开裂前采种。如杨、柳、榆、桦、茉莉、白榆、山茱萸等（见图3-8、图3-9）。

图3-8　白榆种子　　　　　　**图3-9　山茱萸种子**

种子成熟后，果实虽不马上开裂，但种粒较小，一经脱落不好收集，如冷杉类、云杉类、湿地松、桉树、樟子松等，应在种子脱落前采种（见图3-10～图3-13）。

种子成熟后，在母株上长期不开裂，如月季花、君子兰、国槐、海棠、合欢、苦楝、悬铃木、女贞、香樟、楠木等，可以延迟采种期（见图3-14～图3-17）。

图 3-10 桉树种子

图 3-11 冷杉种子

图 3-12 半枝莲种子

图 3-13 蜀葵种子

图 3-14 国槐种子

图 3-15 海棠种子

图 3-16　月季果实　　　　　**图 3-17　君子兰果实**

（三）采种方法

1. 草本花卉种子采收方法

（1）摘取法　一些草本种子开花期长，不断开花、不断结实，这类花卉的种子采收可分批进行，随熟随采。

（2）收割法　对成熟期较为一致的草本花卉的种子，且成熟后种子不易脱落，通常把整个植株收割后晾晒再进行脱粒收种，即成批成熟、成批采收。

2. 木本植物种子采收方法

（1）地面收集　一些粒大、在成熟后脱落过程中不易被风吹散的树种可待其脱落后在地面收集，如栎树类、七叶树、核桃、油茶等。

（2）立木上采集　可采用各种工具，如采种刀、高枝剪、采种镰、采种钩等，借助于绳套、采种机、软梯等上树采种（见图3-18～图3-24）。

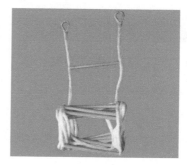

图 3-18　高枝剪　　　　　　**图 3-19　软梯**

图3-20 草坪采种机

图3-21 震荡采种机

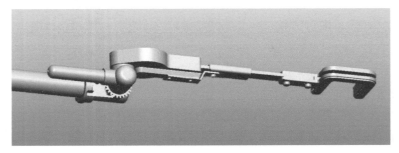

图3-22 便携式林业采种机

图3-23 花椒采摘工具

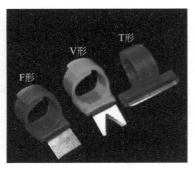

图3-24 采摘戒子

二、采后种子的处理

种子处理是指从果实中取出种子，再经过脱粒、净种、干燥、精选分级等程序，最后获取适合贮藏和播种用的纯净且品质优良的种子的过程。种子采收后要及时进行处理，以保持种子活力。

（一）脱粒及干燥

1. 草本花卉的采后处理

（1）清洁精选　草本花卉种子籽粒小、重量轻，有的种皮带有茸毛、短刺，易黏附或混入菌核、虫卵及杂草种子等有生命杂质和残叶、泥沙等无生命杂质，因此，采收后要进行清洁处理。整株拔出的要晾干后脱粒。连果实一起采收的要去除果皮、果肉及各种附属物（见图3-25、图3-26）。

图3-25　人工精选种子

图3-26　种子精选机

（2）合理干燥　草本花卉种子采收后需晾晒的，一定要连果壳一起晒，不要将种子置于水泥晒场上或放在金属容器中于阳光下暴晒，那会影响种子的生命力。可将种子放在帆布、苇席、竹垫上晾晒。有的种子怕光，可采用自然风干法，即将种子置于通风、避雨的室内，使其自然干燥。一般草本花卉种子的安全水分含量为7%以下。

2. 木本植物种子的采后处理

果实种类不同，采后处理方法不同。一般原则是，对含水量高的果实，采用阴干法干燥，即放置通风的阴凉处干燥加工；对含水量低的果实，采用阳干法干燥，即放置太阳光下晒干加工。具体加工方法，根据果实特点分类叙述如下。

（1）脱粒

① 干果类：包括蒴果、坚果、翅果、荚果等。采集后应立即薄薄地（6～8cm）摊放在通风背阴的干燥处或预先架好的竹帘上进行干燥，注意经常翻动，以免发热霉烂；或使用通风加热法，加热烘干

温度一般不能超过43℃，如果种子相当湿，最高温度不能超过32℃。干燥后进行脱粒，脱粒时可用竹条或柳条等抽打，或用手揉搓，或用脱粒机将种子脱出。

② 肉质果类：这类果实，果皮多呈肉质，含有较高的果胶和糖类，很容易发酵腐烂，采集后必须及时处理，否则会降低种子品质。果实黄熟或红熟后摘下，浸泡在水中，等果实软化后用木棍捣烂果皮，然后用水淘洗，取出种子。肉质种子脱出后，有些树种，如檫树种子，往往在种皮上附一层油脂，使种子互相粘着，容易霉烂，可用碱水或洗衣粉水浸泡半小时后用草木灰脱脂，再用清水冲洗干净后阴干。

③ 球果类：如松属、杉属、柏属等的球果，采集后可摊放在通风向阳干燥的场院暴晒，经过5～10天，待球果鳞片开裂后，再敲打脱粒。马尾松球果富有松脂，一般摊晒开裂很慢，采后可浇洒石灰水堆沤，经10天左右再摊开暴晒，干燥后敲打脱拉。除此之外，也可以进行人工加热干燥。

（2）干燥　经过净种后的纯净种子，含水量较高，呼吸作用旺盛，不易贮藏，容易降低种子生活力，所以要及时做好种子的干燥工作。实践证明，经过干燥的种子，不仅能较长时间地保持生活力，而且对细菌、昆虫等的活动也有一定的抑制作用。干燥也可采用自然干燥和人工加热干燥两种方法，但无论采用哪一种方法都要遵循以下原则：对含水量高的或经水选的种子宜用阴干法干燥，对含水量低的可用阳干法干燥，种子干燥可直接使用干燥机（见图3-27、图3-28）。

图3-27　种子烘干机　　**图3-28　种子微波烘干杀菌设备**

花卉育苗技术手册

（二）净种、分级

净种是指种子脱粒后进行空瘪种子、病粒种子、破损种子及夹杂物等的清除；分级是将净种后的同一批种子按大小、轻重再进行分类，一般分为大、中、小三级，以便种苗后期生长一致，便于管理。净种的主要方法有以下几种。

1. 筛选

应用不同孔径的筛子进行筛选或电动筛选机筛选（见图3-29、图3-30）。

图3-29　草花种子筛选机

图3-30　花卉种子震动筛选机

2. 粒选

采用人工逐粒挑选或机械粒选机挑选，这种方法较为精准（见图3-31、图3-32）。

图3-31　种子按比重粒选机

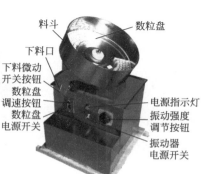

料斗　数粒盘
下料口
下料微动开关按钮
数粒盘调速按钮
数粒盘电源开关
电源指示灯
振动强度调节按钮
振动器电源开关

图3-32　种子粒选装瓶机

3. 风选

利用自然、人工风力或分选机（见图3-33、图3-34），扬去与饱满种子重量不同的不符合要求的种子或夹杂物。

图 3-33　种子分选机 1　　　　　　图 3-34　种子分选机 2

4. 水选

利用饱满种子与夹杂物或不符合要求种子在水中比重的不同，将种子浸入水中或盐水、硫酸铜溶液等中，饱满种子下沉后，清除漂浮在液面的不符合要求的种子或夹杂物。注意水选后的种子要及时阴干。

── 第二节 ──

种子的品质检验

一、种子的净度

种子净度也叫清洁度，是用纯净种子的重量占供检样品总重量的百分率表示。净度是种子品质的重要指标之一，是种子分级的重要依据。种子净度的测定通常把种子分为三类：纯净种子、废种子、夹杂物。

1. 区分纯净种子、废种子和夹杂物三种成分的标准

（1）纯净种子　完整无损发育正常的种子；种子发育不完全和

不能识别出的空粒；虽种皮破裂或外壳具有裂缝，但仍有发芽能力的种子。

（2）废种子　能明显识别的空粒、腐坏粒、已萌芽的显然丧失发芽能力的种子；严重损伤的种子和无种皮的颗粒种子。

（3）夹杂物　其他植物的种子；叶子、鳞片、苞片、果皮、种翅、种子碎片、土块和其他杂质；昆虫的卵块、成虫、幼虫和蛹。

2. 种子净度的计算

测定种子净度时，首先从送检样品中按照四分法（见图3-35）或分样器（见图3-36、图3-37）分样方法分别取不同净度试验样品，数量为送检样品量的1/2。分别精确称量纯净种子、废种子、夹杂物的重量，样品称重时要保证精度，净度测定样品的称量精度见表3-1。根据净度公式计算种子的净度。

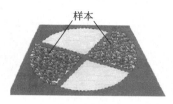

图3-35　种子四分法

净度（%）=纯净种子的重量/纯净种子的重量+废种子的重量+夹杂物的重量×100

表3-1　净度测定样品的称量精度

净度检验样品重/g	精度/g
10以下	0.001
10～99.99	0.01
100～999.99	0.1
1000以上	1

二、种子重量的测定

种子的重量通常用千粒重表示。千粒重就是指在气干状态下1000粒种子的重量。千粒重、百粒重越大的种子表明种子饱满度越高，营养物质含量越高，出苗越整齐。目前生产商种子重量的测定主要是千粒法。

千粒法是从净度测定所得的纯净种子中不加选择地数出1000粒种子，共数两组，分别称重。称重后计算两组的平均重量，当两组重

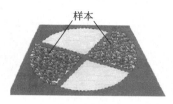（图上方标注）样本

量之差没有超过两组平均重量的 5% 时，则两组试样的平均重量即为该批种子的千粒重。两组试样重量之差超过容许误差时，应再取第三组试样称重，取差距小的两组计算千粒重。

图 3-36　横格式分样器　　　　　图 3-37　离心式分样器

例如，月季花种子第一组的千粒重为 35.8g，第二组试样的千粒重为 35.3g，则两组试样平均千粒重的 5% 为（35.8 + 35.3）/2 × 5% = 1.8g。而两组试样样品千粒重差为 35.8 - 35.3 = 0.5g。未超过两组试样平均千粒重的 5%，故该批种子千粒重为（35.8 + 35.3）/2 = 35.55g。

如果纯净种子的数量少于 1000 粒，则可将全部种子称重，换算成千粒重。称量精度与净度测定相同。

三、种子的发芽力

种子发芽力是指种子在适宜的条件下发芽并长出幼苗的能力（见图 3-38），通常用发芽势和发芽率表示。种子发芽势是指在规定日期内（一般为日发芽粒数达最高的日期）正常发芽种子数占供检种子总数的百分率。如 100 粒菊花种子在规定的 10 天中有 40 粒发芽，则发芽势为 40%。种子发芽势高，表示种子生活力强，发芽整齐出苗一致。种子发芽率是指发芽测定终期，在规定日期（规定的发芽终止期）内正常发芽种子数占供检种子数的百分率。如 100 粒菊花种子，发芽终止期 15 天中有 95 粒种子发芽，则种子的发芽率为 95%。种子的发芽率高，说明种子饱满，整齐度高，种胚发育良好，种子生活力高。种子发芽可在种子发芽箱内进行（见图 3-39）。

图 3-38　种子发芽过程

图 3-39　种子发芽箱

第三节

播种前种子的处理

一、种子的贮藏

　　种子采收处理完以后，有些花木的种子采后可立即播种，但大多数花木的种子都是春季成熟、冬季贮藏、第二年播种，还有些种子作为种质资源需要保存多年后播种，但必须在种子寿命年限内保存。种子的寿命是指在一定环境条件下，种子从完全成熟到丧失生活力所经历的时间。种子群体的寿命即种子的半活期，是指种子从收获到半数种子存活所经历的时间。种子的寿命因植物种类的不同而不同。可以是几小时、几天、几周，也可以长达很多年。柳树种子的寿命极短，成熟后只在 12h 内有发芽能力。杨树种子的寿命一般不超过几周。大多数花木种子在一般的贮藏条件下寿命为 1～5 年。保存期 1 年的有福禄考、地肤、报春花；保存期 2～3 年的有醉蝶花、花菱草、三色堇、万寿菊、美女樱、翠菊、雏菊、旱金莲、香豌豆、虞美人、醉蝶花、一串红、麦秆菊、金鱼草、矢车菊；保存期 4～5 年的有半枝莲、百日菊、桂竹香、蛇目菊、紫罗兰、矮牵牛、三色苋、鸡冠花、金盏菊。

（一）影响种子寿命的因素

　　1. 种子内在因素的影响

　　（1）遗传性　不同种类的花卉种子由于其自身遗传特性的不同，

种子内含物的类型、种皮的结构及生理活性不同，保存生活力的时间长短不同，即种子寿命存在差异。一般认为含脂肪、蛋白质多的种子（松科、豆科）寿命较长（见图 3-40、图 3-41），而含淀粉多的种子（如壳斗科）寿命短（见图 3-42、图 3-43）。因为脂肪、蛋白质转化为可利用状态需要的时间长，放出的能量也比淀粉高。贮藏时，分解少量蛋白质或脂肪释放的能量，就能满足种子微弱呼吸的需要，因此维持的寿命长。

图 3-40　松科油松的种子

图 3-41　豆科小冠花种子

图 3-42　壳斗科红锥种子

图 3-43　壳斗科栓皮栎种子

　　榆叶梅、海棠、刺槐、皂荚等豆科种子种皮致密，不易透水、透气，有利于种子生活力的保存，硬粒的寿命可达几十年以上（见图 3-44、图 3-45）。而种皮呈膜质、易透水透气的种子，如菊科花卉、蒲公英、杨、柳、桉等，寿命很短（见图 3-46、图 3-47）。曾受冻害或采集后及运输过程中曾受潮的种子，酶的水解作用加强，水溶性糖及含氮物质增多，即使种子在干燥状态下，其呼吸作用也比正常种子强得多，对种子生活力和耐藏性都有影响，生产中必须防止这种现象的发生。

图 3-44　榆叶梅种子

图 3-45　海棠种子

图 3-46　小丽花种子

图 3-47　万寿菊种子

（2）种子含水量　种子的含水量与种子的寿命密切相关，种子含水量的高低直接影响种子呼吸作用的强度。种子含水量低，种子内的水分通常处于结合态，几乎不参与新陈代谢作用，种子内部呼吸代谢缓慢，酶钝化，营养物质消耗少，种子抗低温能力强，不易发热腐烂，有利于保持种子的活力；种子自身含水量高，种子内水分处于自由态，酶活性增强，呼吸作用加强，自身产生大量的热量，营养物质消耗多，导致种子容易丧失生活力。一般情况下，当种子的含水量在30% 以上时，非休眠种子即可发芽。当种子的含水量在 15% ～ 30%时，种子丧失活力和萌发力的速度加快。含水量在 15% 以下时，有利于种子的长期保存。但不是含水量越低越好，种子含水量不能低于该种子的安全含水量，如果低于安全含水量，种子内的膜系统会受到严重的损伤。不同种类的花木，安全含水量不同。

（3）种子成熟度　种子成熟度也与种子生活力有关。尚未成熟的种子，种皮薄，不致密，保护性能差，内部贮存的营养物质还呈溶胶状态。容易被微生物感染霉烂。另外，未成熟种子含水量高，呼吸作用旺盛，种子生活力不易保存。种子受机械损伤后，失去种皮保护，易受微生物感染，也容易丧失生活力。

表 3-2 为自然条件下常见花卉种子的寿命。

表 3-2　自然条件下常见花卉种子的寿命

名称	年限	名称	年限
蓍草 Achillea spp.	2～3	山牵牛 Thunbergia spp.	2
乌头 Aconitum spp.	4	博落回 Macleaya spp.	1～3
千年菊 Acroclinium spp.	2～3	竹叶菊 Boltonia spp.	3
霍香蓟 Ageratum spp.	2～3	布洛华丽 Browallia spp.	2～3
麦仙翁 Agrostemma spp.	3～4	金盏菊 Calendula spp.	3～4
蜀葵 Althaea spp.	3～4	翠菊 Callistephus spp.	2
庭荠 Alyssum spp.	3	美人蕉 Canna spp.	3～4
三色苋 Amaranthus spp.	4～5	风铃草 Campanula spp.	3
牛舌草 Anchusa spp.	3	矢车菊 Centaurea spp.	2～3
春黄菊 Anthemis spp.	3	卷耳 Cerastium spp.	2～4
金鱼草 Antirrhinum spp.	3～4	鸡冠 Celosia spp.	4～3
耧斗菜 Aquilegia spp.	2	桂竹香 Cheiranthus spp.	5
南芥菜 Arabis spp.	2～3	除虫菊 Chrysanthemum spp.	3
灰毛菊 Arctotis spp.	3	山字草 Clarkia spp.	2～3
蚤缀 Arenaria spp.	2～3	醉蝶花 Cleome spp.	2～3
紫菀 Aster spp.	1	电灯花 Cobaea spp.	2
赝靛 Baptisia spp.	3～4	波斯菊 Cosmos spp.	3～4
雏菊 Bellis spp.	2～3	蛇目菊 Coreopsis spp.	3～4
观赏南瓜 Cucurbita spp.	5～6	雄黄兰 Crocosmia spp.	1
大丽花 Dahlia spp.	5	花葵 Lavatera spp.	3
飞燕草 Delphinium spp.	1	蛇鞭菊 Liatris spp.	2
石竹 Dianthus spp.	3～5	百合 Lilium spp.	2
毛地黄 Digitalis spp.	2～3	花亚麻 Linum spp.	5
好望菊 Dimorphotheca spp.	2	半边莲 Lobelia spp.	4

名称	年限	名称	年限
扁豆 Dolichos spp.	3	羽扇豆 Lupinus spp.	4～5
蓝刺头 Echinops spp.	2	剪秋罗 Lychnis spp.	3～4
一点樱 Emilia spp.	2～3	千屈菜 Lythrum spp.	2
伞形蓟 Eryngium spp.	2	母菊 Matricaria spp.	2
花菱草 Eschscholtzia spp.	2	紫罗兰 Matthiola spp.	4
泽兰 Eupatorium spp.	2	冰花 Mesembryanthemum spp.	3～4
天人菊 Gaillardia spp.	2	猴面花 Mimulus spp.	4
扶朗花 Gerbera spp.	1	勿忘草 Myosotis spp.	2～3
水杨梅 Geum spp.	2	龙面花 Nemesia spp.	2～3
古代稀 Godetia spp.	3～4	花烟草 Nicotiana spp.	4～5
霞草 Gypsophila spp.	5	黑种草 Nigella spp.	3
堆心菊 Helenium spp.	3	罂粟 Papaver spp.	3～5
向日葵 Helianthus spp.	3～4	钓钟柳 Penstemon spp.	3～5
麦秆菊 Helichrysum spp.	2～3	矮牵牛 Petunia spp.	3～5
赛菊芋 Heliopsis spp.	1～2	福禄考 Phlox spp.	1
矾根 Heuchera spp.	3	酸浆 Physalis spp.	4～5
黄金杯 Hunnemannia spp.	2	桔梗 Platycodon spp.	2～3
凤仙花 Impatiens spp.	5～8	半枝莲 Portulaca spp.	3～4
牵牛 Pharbitis spp.	3	报春 Primula spp.	2～5
鸢尾 Iris spp.	2	除虫菊 Pyrethrum spp.	4
扫帚草 Kochia spp.	2	茑萝 Quamoclit spp.	4～5
五色梅 Lantana spp.	1	木犀草 Reseda spp.	3～4
香豌豆 Lathyrus spp.	2	旱金莲 Tropaeolum spp.	3～5
薰衣草 Lavandula spp.	2	洋石竹 Tunica spp.	2
一串红 Salvia spp.	1～4	缬草 Valeriana spp.	3
蛇目菊 Sanvitalia spp.	2～4	美女樱 Verbena spp.	3～5
肥皂草 Saponaria spp.	3～5	威灵仙 Veronica spp.	2
轮峰菊 Scabiosa spp.	2～3	长春花 Catharanthus spp.	3
海石竹 Statice spp.	2～3	三色堇 Viola spp.	2
斯氏菊 Stokesia spp.	2	百日菊 Zinnia spp.	3

2. 种子贮藏环境的影响

影响种子寿命的环境因素有以下几个。

① 空气湿度：高湿环境不利于种子寿命延长，因为种子具有吸收空气中水分的能力。对多数花卉种子来说，干燥贮藏时，相对湿度维持在 30% ～ 60% 为宜。

② 温度：低温可以抑制种子的呼吸作用，延长其寿命。干燥种子在低温条件下能较长期地保持生活力。多数花卉种子在干燥密封后，贮存于 1 ～ 5℃的低温下为宜。在高温高湿的条件下贮藏，则发芽力降低。

③ 氧气：可促进种子的呼吸作用，降低氧气含量能延长种子的寿命。将种子贮藏于其他气体中，可以减弱氧的作用。据多数试验表明，不同种类的种子贮藏于氢、氮、一氧化碳中，结果各不相同。

空气湿度常和环境温度共同发生作用，影响种子寿命。低温干燥有利于种子贮存。多数草花种子经过充分干燥，贮藏在低温下可以延长寿命；值得注意的是，对于多数树木类种子，在比较干燥的条件下，容易丧失发芽力。一些试验证明，充分干燥的花卉种子对低温和高温的耐受力提高，即使温度增高，因水分不足，仍可阻止其生理活动，减少贮藏物质的消耗。

此外，花卉种实不应长时间暴露于强烈的日光下，否则会影响发芽力及寿命。

（二）种子贮藏的方法

一般花卉种子可以保存 2 ～ 3 年或更长时间，但随着种子贮存时间的延长，不仅发芽率降低，而且萌发后植株的生活力也降低，衰退程度与保存方法密切相关。因此要尽量使用新种子进行繁殖。不同的贮藏方法对花卉种子寿命影响不同。

1. 日常生产和栽培中主要贮藏方法

（1）干燥贮藏法　耐干燥的一、二年生草花种子，在充分干燥后，放进纸袋或纸箱中保存。这种方法是适宜次年就播种的短期保存。

（2）干燥密闭法　把充分干燥的种子装入罐或瓶一类容器中，

密封起来放在冷凉处保存。这种方法保存时间稍长，种子质量仍然较好。

（3）干燥低温密闭法　把充分干燥的种子放在干燥器中，置于1～5℃（不高于15℃）的冰箱中贮藏。这种方法可以较长时间保存种子。

（4）湿藏法　某些花卉的种子较长期置于干燥条件下容易丧失生活力，可采用层积法，即把种子与湿沙（也可混入一些水苔）交互地做层状堆积。休眠的种子用这种方法处理，可以促进发芽。牡丹、芍药的种子采收后可以进行沙藏层积。

（5）水藏法　某些水生花卉的种子，如睡莲、王莲等必须贮藏于水中才能保持其发芽力。

2. 作为种质资源需要长期保存的种子可以使用的贮藏方法

（1）低温种子库　有长期、中期、短期库。不同低温库采用不同种子含水量（库温低，含水量也低）和空气湿度（库温低，相对湿度也小，一般小于60%）下保存，预期种子寿命2～5年至50～100年（见图3-48）。

（2）超干贮藏　采用一定技术，使种子极度干燥，其含水量较低温贮存时低得多，然后真空包装后存于室内长期保存。

（3）超低温贮存　种子脱水到一定含水量，直接或采用相关的生物技术存入液氮中长期保存。理论预测可以永久保存。

图3-48　低温种子库

二、种子的休眠与催芽

休眠和种子萌发是种子生命过程中两个极为重要的阶段。

（一）种子的休眠

1. 种子休眠的类型

种子的休眠是指种子具有活力而处于不发芽的状态。一般说来，种子休眠的类型有生理休眠和强迫休眠。强迫休眠指种子已具备发芽能力，但未得到发芽所需基本条件而被迫不能萌发的休眠，如成熟种子的含水量低和极端温度等。生理休眠与种子本身的特性有关，因植物种类和胁迫条件而异；引起生理休眠的原因有外部（源）、内部（源）和内外部三类。

2. 引起种子休眠的原因

（1）种胚未成熟　一种情况是胚尚未完成发育，如银杏种子成熟后从树上掉下时还未受精，等到外果皮腐烂、吸水、氧气进入后，种子里的生殖细胞分裂，释放出精子后才受精。兰花、人参、冬青、当归、白蜡树等的种胚体积都很小，结构不完善，必须要经过一段时间的继续发育，才达到可萌发状态。

（2）胚乳未完成后熟　种胚已成熟，但胚部缺少萌发时所需的营养物质，如分解贮藏物质的水解酶、呼吸作用所需的氧化酶等尚处在钝化状态。一般果树、林木种子需经层积处理（即后熟处理），使种子的吸水力、呼吸作用、酶促作用等增强，生长刺激素增加、抑制物质降低后才能萌发。

（3）种皮的限制　有些植物的种子有坚厚的种皮、果皮，或附有致密的蜡质和角质，这类种子往往由于种壳的机械压制或由于种（果）皮不透水、不透气阻碍胚的生长而呈现休眠，如豆科、锦葵科、藜科、樟科、百合科等植物种子。

（4）发芽抑制物的存在　有些种子不能萌发是由于种子内有萌发抑制物质的存在。这类抑制物多数是一些低分子量的有机物，如具挥发性的氢氰酸（HCN）、氨（NH_3）、乙烯、芥子油；醛类化合物中的柠檬醛、肉桂醛；酚类化合物中的水杨酸、没食子酸；生物碱中的咖啡因、可卡因；不饱和内酯类中的香豆素、花楸酸以及脱落酸等。这

花卉育苗技术手册

些物质存在于果肉（苹果、梨、番茄、西瓜、甜瓜）、种皮（苍耳、甘蓝、大麦、燕麦）、果皮（酸橙）、胚乳（鸢尾、莴苣）、子叶（菜豆）等处，能使其内部的种子潜伏不动。

（5）不适宜环境的影响　原来没有休眠的或已经通过休眠的种子，若遇到不适宜的水分、温度、气体、化学物质等不能萌发而再度休眠。如菊科种子因二氧化碳浓度过高或缺少氧气而再度休眠。

（二）种子的催芽

一些种子具有硬种皮、蜡质层，不能吸水膨胀或休眠期长等原因，自然条件下，发芽持续的时间很长。对于大多数种子来说，硬种子经水浸泡可利于发芽。

1. 水浸催芽

水浸催芽是将种子浸泡到水中，硬种子经水浸泡后会膨胀，水可以帮助种子打破休眠状态，软化种皮和刺激发芽，加速贮藏物质的转化和利用，以利于发芽。浸种所需水的温度及浸种时间的长短因种子不同而异。适宜 90 ～ 100℃水浸种的花卉有紫藤、合欢等；适宜 35 ～ 40℃水浸种的花卉有金银花、君子兰、文竹、金鱼草、观赏辣椒等；适宜冷水浸种的花卉有锦带花、连翘、绣线菊等。

水温对种子的影响与种子和水的比例有关。一般要求种子与水的体积比为 1∶3。浸泡时间 24 ～ 48h。

2. 低温层积处理

将种子和沙分层堆积，在低温环境下（0 ～ 5℃）进行，就叫做低温层积处理或低温层积催芽。具体方法是：在晚秋选择地势较高、排水良好、背风向阳处挖坑，坑深在地下水位以上、冻层以下，宽 1.0 ～ 1.5m，坑长视种子数量而定。在坑底放石子、石砾等有利于排水物，厚 10 ～ 20cm，或铺一层石子，上面加些粗沙，再铺 10cm 厚的湿沙。坑中每隔 1.0 ～ 1.5m 插一束草把，以便通气。在层积以前要进行种子消毒，然后将种子与湿沙混合，放入坑内，种子和沙体积比为 1∶3，或一层种子一层沙子交错层积。沙子湿度以手握成团不出水、松手触之即散开为宜，种子堆到离地面 10 ～ 20cm 时为止。需低温层积的常见花木种类有银杏、落羽杉、枫杨、忍冬、马褂木、桃、梅、杏、蜡梅、白玉兰、海棠、白蜡、朴树、核桃、紫穗槐、女贞等，层积时间一般为 1 ～ 6 个月（见图 3-49）。

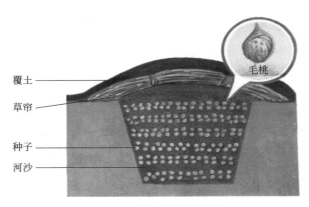

毛桃

覆土

草帘

种子

河沙

图 3-49　种子层积处理过程

3. 变温层积处理

变温层积处理是用高温和低温交替进行层积催芽的方法，即先用高温（15 ～ 25℃）后用低温（0 ～ 5℃），必要时再用高温进行短时间催芽。如水曲柳、山楂、圆柏、红松、榛子、黄栌等。红松的种子先在 25℃的高温与湿沙混合层积处理 1 ～ 2 个月，再在低温 2 ～ 5℃处理 2 ～ 3 个月才能打破休眠，完成催芽处理。

4. 机械损伤处理

适用于有坚硬种皮的种子。用锉刀、剪刀、小刀、砂纸等手工擦伤或用机械擦伤器处理大量种子，更为简便有效的方法可以用粗沙和种子以 3 : 1 的比例混合后轻碾，可以使种皮破裂，增强种子通气性和透水性。如梅花、荷花、美人蕉等。

5. 化学药剂的处理

用化学药剂（碳酸氢钠、浓硫酸、氢氧化钠、过氧化氢等）、微量元素（硫酸锰、硫酸亚铁、硫酸铜等）和植物生长刺激素（赤霉素、萘乙酸等）等溶液浸种，解除种子休眠，促进种子萌发的方法，称为药剂浸种催芽。如棕榈、芍药、蔷薇等。

6. 光照处理

需光性种子种类很多，对光照的要求也很不一样。有些种子一次性感光就能萌发。如泡桐浸种后给予 1000lx 光照 10min 能诱发 30% 种子，8h 光照的萌发率达 80%。有些则需经 7 ～ 10 天、每天 5 ～ 10h 的光周期诱导才能萌发，如团花、榕树等。

第四节

播种繁殖

一、播种时间

花卉播种时间要根据各种花卉的生长发育特性、花卉对环境的不同要求、计划供花时间、当地环境条件以及栽培设施而确定。在自然条件下的播种时间主要按下列原则处理。

1. 春季播种

一年生花卉和大多数木本植物多在春季播种，一般北方在 4 月上旬至 5 月上旬，中原地区则在 3 月上旬至 4 月上旬，华南多在 2 月下旬至 3 月上旬播种。春播在土壤解冻后进行，在不受晚霜危害的前提下，尽量早播可延长苗木的生长期，增加苗木的抗性。

2. 秋季播种

二年生草花和部分木本植物一般是在立秋以后播种，北方多在 9 月上中旬播种，南方多在 9 月中下旬和 10 月上旬播种。多年生花卉中原产于温带的落叶木本花卉可在秋末露地栽培，在冬季低温、湿润条件下起到层积作用，打破休眠，次年冬天即可发芽。秋播可使种子在栽培地通过休眠期，完成播种前的催芽阶段，翌春幼苗出土早而整齐，延长苗木的生长期，幼苗生长健壮，成苗率高，增加抗寒能力。

3. 春季播种或秋季播种

仙人掌类及多肉植物的种子一般在 21 ～ 27℃发芽率较高，在春季和秋季播种为最好，这时昼夜温差较大，出苗比较整齐，出苗后的幼苗生长也较快。大部分草坪植物可初春播种，也可以秋天播种。北方 4 ～ 9 月、南方 3 ～ 11 月均可播种，一般以秋季播种为佳。

4. 随采随播

含水量大、寿命短、不耐贮藏的植物种子应随采随播，如君子兰、柳树、榆树、蜡梅等。

5. 周年播种

一些温室花卉，只要温度、湿度调控适宜，一年四季可以随时进行播种。

二、播种方法

1. 撒播

将种子均匀地抛撒于整好的苗床上，上面覆 0.5 ～ 1cm 厚的细土，主要适用于种子细小的植物种类，如金鱼草、鸡冠花、一串红、悬铃木、玉兰、四季海棠等（见图 3-50、图 3-51）。

图 3-50　撒播　　　　　　　图 3-51　撒播幼苗

2. 条播

按一定的株行距开沟，沟深 1 ～ 1.5cm，将种子均匀地撒到沟内，覆土厚度 1 ～ 3cm，适合于中粒或小粒种子，如海棠、鹅掌楸、月季、金盏菊、紫罗兰、矢车菊、三色堇等（见图 3-52 ～图 3-54）。

3. 点播

按一定的行距开沟或等距离开穴，将种子 1 ～ 2 粒按一定株距点到沟内或点入穴中，覆土厚度 3 ～ 5cm，适合于大粒或超大粒种子，如银杏、核桃、板栗、桂圆、紫茉莉等（见图 3-55 ～图 3-57）。

图 3-52　人工条播

图 3-53　机械条播

图 3-54　条播幼苗

图 3-55　人工点播 1

图 3-56　人工点播 2

三、播种密度与播种量计算

1. 播种密度

播种密度是单位面积苗床上生长的秧苗株数，常用每平方米的

图 3-57　机械点播

株数来表示。播种密度的大小主要取决于种子的大小、发芽率、苗床土温、秧苗生长速度及生长量、秧苗在播种床上保留的时间等。如果苗床土温高、发芽率高或分苗晚则播种密度要适当小些，如果发芽率低、分苗早、土温低，则播种密度可适当增加。总的原则应该是，在移苗或定植时秧苗要有足够的生长空间，相互之间不拥挤。

一般一年生播种苗密度为 150 ～ 300 株 / 米²，速生针叶树可达 600 株 / 米²，一年生阔叶树播种苗、大粒种子或速生树为 25 ～ 120 株 / 米²，生长速度中等的树种为 60 ～ 160 株 / 米²。

2. 播种量

播种量是指单位面积上（或单位长度上）播种种子的重量。播种量的大小要依据计划育苗的数量、种子的千粒重大小、种子发芽势、种子千粒重及秧苗的损耗系数来确定。可用下列公式计算。

$$X = (1 + C) \times A \times W / (P \times G \times 10002)$$

式中，X 为单位面积（或长度）实际所需的播种量，kg；A 为单位面积（或长度）的计划产苗数；W 为种子千粒重，g；P 为种子净度；G 为种子发芽势；C 为损耗系数；1/10002 为将千粒重换算为每粒种子的重量，kg。

四、播种技术

（一）播种前种子的预处理

1. 种子精选

种子小的采用风选或筛选；种子重的可水选；种子大的可粒选。

2. 种子消毒处理

在进行种子催芽和其他处理之前要先进行种子消毒，如果催芽时间长，在催芽后、播种前最好再消毒一次。但胚根已突破种皮的种子，应避免再用高锰酸钾、福尔马林等药物消毒，以免伤害胚根。常用的种子消毒方法如下：①福尔马林，浸种后用 0.15% 的福尔马林溶液消毒 15～30min，取出后密闭 2h，冲洗后阴干。②高锰酸钾，用 0.5% 的高锰酸钾溶液浸种 2h，冲洗后阴干。③硫酸亚铁，用 0.5%～1% 的溶液浸种 2h，冲洗后阴干。④硫酸铜，用 0.3%～1% 的溶液浸种 4～6h。

（二）播种床的准备

1. 整地做床

播种前要进行翻地、耙地等，使苗床土壤松软、平整，改善苗床土壤水、肥、气、热等条件。根据要求做床，苗床可分为三类：高床（床面高于步道 15～25cm）、低床（床面低于步道 10～15cm）、平床（床面略高于或略低于步道）。我国南方多采用高床，北方多采用低床或平床。

2. 土壤消毒常用方法

① 福尔马林：采用工业甲醛，用量为 $50mL/m^2$，稀释 100～200 倍，于播种前 1～2 周洒在播种地上，并用塑料布覆盖 3～5 天。

② 硫酸亚铁：通常每公顷用量为 200～300kg，可与基肥混拌施用或制成药土施用，也可配成 2%～3% 的水溶液喷洒于播种地。

③ 五氯硝基苯：75% 的五氯硝基苯用量为 3～$5g/m^2$，拌成药土撒于土壤中。

④ 代森锌：用量为 3～$5g/m^2$，拌成药土撒于土壤中。

⑤ 五氯硝基苯与代森锌混合液：五氯硝基苯与代森锌（或敌克松）按 3∶1 混合配制，施用量为 3～$5g/m^2$，配成药土撒于土壤或播种沟内。

（三）播种深度

播种深度是指种子播下后覆土的厚度。播种深度通常视植物种类、种子大小及播种时的气候、土壤等环境条件决定。一般来说种子越小，覆土越浅，土壤厚度一般为种子体积的 2～3 倍。通常小粒种子覆土 0.5～1cm；中粒种子覆土 1～3cm；大粒种子覆土 3～5cm。

播种深度也因土壤湿度、温度、土质等情况而定。如果土壤黏重、底墒足、地温低，应种得浅些，过深易造成烂籽或串黄顶不出土，或幼苗黄瘦细弱；如果是沙质土、底墒差、低温，则应适当种深些，过浅易使种子"落干"而出苗不全，或带皮壳出土，子叶被皮壳夹住不能展开。

播种深度还要考虑子叶出土类型，凡子叶出土的应浅播，子叶不出土的应深播（见图3-58）。

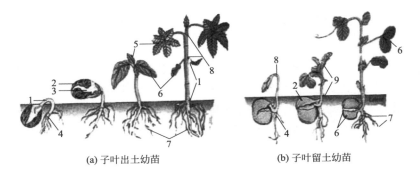

(a) 子叶出土幼苗　　　　　　　　　(b) 子叶留土幼苗

图 3-58　种子的发芽过程

1—下胚轴；2—种皮；3—胚乳；4—初生根；

5—营养叶；6—子叶；7—侧根；8—上胚轴；9—幼嫩的茎

（四）种子的萌发

种子萌发是指种子的胚从相对静止状态变为生理活跃状态并长成自养生活的幼苗的过程。种子萌发过程可分为吸胀、萌动和发芽。种子萌发要求一定的外界条件，主要为水分、温度、氧气和光照。

1. 水分

水分是种子萌发的首要条件，种子充分吸水、膨胀，才能使胚乳细胞内各种酶活性增强，加速营养物质由不溶状态转变为可溶状态以供胚利用，从而使种子尽早萌发出土。一般种子要吸收其本身重量的25% ～ 50% 或更多的水分才能萌发。因此，土壤在整个苗期都应保持湿润，不能过干，也不能过湿。

2. 温度

不同植物种子萌发都有一定的最适温度。高于或低于最适温度，萌发都受影响。多数种子萌发的最低温度为 0 ～ 5℃，最高温度为30 ～ 35℃。通常温带植物发芽适温为 10 ～ 20℃；暖带及亚热带植物发芽适温为 15 ～ 25℃；热带植物发芽适温是 24 ～ 35℃。许多植物种子在昼夜变动的温度下比在恒温条件下更易于萌发。

3. 氧气

种子吸水后呼吸作用增强，需氧量加大。一般作物种子要求其周围空气中含氧量在 10% 以上才能正常萌发。空气含氧量在 5% 以下时大多数种子不能萌发。土壤水分过多或土面板结会使土壤空隙减少、通气不良，均降低土壤空气的氧含量，影响种子萌发。

4. 光照

一般种子萌发对光照要求不严格，无论在黑暗或光照条件下都能正常进行。但有少数植物的种子需要在有光的条件下才能萌发良好，如黄榕、烟草和莴苣的种子在无光条件下不能萌发，这类种子叫需光种子。还有一些百合科植物和洋葱、番茄、曼陀罗的种子萌发则为光所抑制，这类种子称为嫌光种子。

第五节
播种苗的抚育管理

一、播种苗的生长发育特点

幼苗的年生长特点是：初期生长缓慢，以后生长逐渐加快，中间出现生长高峰，后期生长速度又变慢，最后停止生长。表现出慢—快—慢的规律性变化。按照苗木不同时期的生育特点，将播种苗的年生长过程大致划分为四个时期，即出苗期、生长初期、速生期和生长后期。

1. 出苗期

从种子播种入土开始至幼苗大部分出土，地上部出现真叶，地下部出现侧根，并独立进行营养时为止，这一时期称为出苗期。主要是为种子发芽和幼苗出土创造良好的环境条件，满足种子发芽所需的水分、温度和通气条件，使种子发芽迅速，幼苗出土整齐，生长健壮。为此，必须选择适宜的播种期，搞好种子催芽，提高播种技术，掌握好覆土厚度，加强播种地管理。

2. 生长初期

从幼苗大部分出土后能独立进行营养时开始，到幼苗的高生长大幅度增长，开始旺盛生长以前，称为生长初期。此期育苗工作重点主要是在保证幼苗成活的基础上进行蹲苗，促进其根系的生长，为以后苗木速生丰产打下良好的基础。因此，对于育苗地要加强管理，合理灌溉，及时除草松土，适时间苗，必要时对幼苗适度遮阴及进行病虫害防治。

3. 速生期

从苗木开始旺盛生长、高生长量大幅度上升时起，到苗木高生长大幅度下降时为止，这一时期苗木生长速度最快，称为速生期。这一时期苗木的生长发育状况基本上决定了苗木的质量，因此，育苗工作的主要任务是加强苗期管理，满足苗木生长所需的水、肥等条件，要适时灌水，适量施肥，及时松土除草和防治病虫害。在速生期的后期，应停止追肥和灌溉，适量追施磷肥、钾肥，防止苗木贪青徒长。

4. 生长后期

从苗木高生长量大幅度下降时开始，到苗木根系生长停止进入休眠落叶为止，称为生长后期。这一时期苗木即将停止生长。这个时期育苗工作的任务主要是防止苗木贪青徒长，提高苗木的抗性，增强越冬抗寒能力。因此，这一时期应停止一切促进苗木生长的技术措施，如灌溉、施肥、除草、松土等，适当控制苗木生长，做好苗木越冬防寒的准备工作。

二、留圃苗的生长发育特点

留圃苗是在去年育苗地上继续培育的苗木，它的年生长规律表现在高生长类型和生长发育时期。

1. 留圃苗高生长类型

根据苗木高生长期的长短，可分为前期生长型和全期生长型两种。

（1）前期生长型　苗木高生长期短，一般在 1～3 个月，大多数在 5～6 月份结束高生长。如松属、云杉属、银杏、白蜡等。这类苗木，在早秋，有时由于气温高、水分足、氮肥多等原因，苗木还会出现二次生长，但二次生长的秋生枝，木质化程度差，对低温和干旱的抵抗能力弱。

（2）全期生长型　苗木高生长期长，持续于整个生长季节，如杨、柳、落叶松、侧柏、圆柏等。一般南方树种为2～8个月，北方树种为3～6个月。全期生长型苗木的生长，在年生长周期中并不是直线上升，高生长一般会出现1～2次暂缓期，速度显著减慢。

2. 留圃苗的年生长发育过程

（1）生长初期　从冬芽膨大时起，到高生长量大幅度上升时为止。这时苗木高生长缓慢，而根系生长较快。这个时期苗木对水、肥敏感，应及时追氮肥、灌溉和松土除草。追肥主要在生长初期的前半期。

（2）速生期　从苗木高生长量大幅度上升开始，到苗木高生长量大幅度下降时为止。这个时期苗木地上和地下生长量都很大，前期生长型苗木的速生期短，施肥宜早；全期生长型苗木速生期的后期不要使用氮肥。

（3）生长后期　从苗木高生长量大幅度下降开始，到根系生长停止为止。在这个时期，前期生长型苗木，高生长很快停止，叶子迅速生长，叶面积增大。这个时期苗木体内含水量降低，干物质增加，以提高抗性。全期生长型苗木这一时期应停止一切促进苗木生长的技术措施，适当控苗，做好苗木越冬防寒的准备工作。

三、苗期管理

（一）覆盖

播种后至种子发芽出土前，可以对苗床进行覆盖或遮阴，可以保持土壤湿度，调节土温。覆盖的材料可以用稻草、秸秆、木屑等，覆盖厚度以不见土面为宜，种子出苗后覆盖物要及时撤除。

（二）遮阴

有些苗木在出苗去除覆盖物后要适当遮阴，防止幼苗灼伤死亡，如泡桐、桉树、羊蹄甲等。常用的遮阴方法是搭荫棚，每天上午

10 时左右开始遮阴，下午 4 ～ 5 时打开荫棚，阴雨天不必遮阴（见图 3-59）。

图 3-59　出苗后搭荫棚

（三）浇水

幼苗期耗水量较少，浇水以少量多次为原则。苗木进入生长期后，气温增高，耗水量增大，应增加喷水次数。

（四）松土与除草

松土除草可以减少土壤水分的蒸发，促进气体交换，给土壤微生物创造适宜的生活条件，提高土壤中有效养分的利用率，减免杂草对土壤水分、养分与苗木的竞争。分两个时期进行：苗木出土前的松土除草；苗木出土后的松土除草。

（五）间苗和补苗

在播种过密和出苗不均匀的情况下，在出苗之后，为避免光照不足、通风不良，要在过密的地方间苗或疏苗，使苗木密度趋于合理。间苗时间依幼苗密度和幼苗生长速度而定，密度较大、生长速度较快的应早间苗。间苗可以分两次进行，第一次间苗强度大，在苗木生长初期的前期进行，留苗株数比计划产苗量多 40%；10 ～ 20 天后进行第二次间苗，间苗量比计划产苗量多 10% ～ 20%。对于缺苗的地块要及时补苗。

（六）苗木追肥

苗木的不同生长发育时期对营养元素的需要不同。生长初期需要氮肥和磷肥，速生期需要大量的氮肥、磷肥、钾肥和一些必需的微量元素。生长后期则以钾肥为主，磷肥为辅，忌施氮肥。追肥要掌握"由稀到浓，量少次多，适时适量，分棚巧施"的技术要领。在整个苗木生长期内，一般可追肥 2 ～ 6 次，第一次在幼苗出土 1 个月左右开始，最后一次氮肥要在苗木停止生长前 1 个月结束。

（七）越冬保苗

常见苗木寒害现象：因严寒使苗木内水分结冰，组织受伤，苗木死亡；由于冬春季节干旱多风，苗木地上部分蒸腾失水，而根系由于土壤冻结，无法吸收水分，又由于天气寒冷，苗木内水分失去平衡而发生生理干旱，枝梢抽条干枯死亡。常用的苗木防寒措施如下。

1. 土埋法

土埋法几乎能防止各种寒害现象的发生，尤其对防止苗木生理干旱效果显著。因此是北方越冬保苗最好的方法，适于大多数苗木。具体方法是在苗木进入休眠土壤结冻前进行，从步道或垄沟取土埋苗 3 ～ 10cm，较高的苗木可卧倒埋。翌春在起苗时或苗木开始生长之前分两次撤除覆土（见图 3-60）。

图 3-60　小浆果越冬覆土

2. 覆草

给苗木覆草也可降低苗木表面的风速，预防生理干旱的发生，并且减少强烈的太阳辐射对苗木可能产生的伤害（见图 3-61）。

图 3-61　冬季覆草

3. 设防风障

设防风障能够减低风速，减少苗木蒸腾，防止生理干旱。防风障应与要害风方向垂直，在迎风面距第一苗床 1 ～ 1.5m 处设第一行较高且密的防风障，风障间的距离一般为风障高度的 15 倍左右。

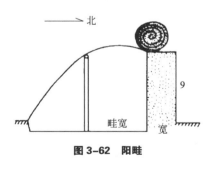

北

图 3-62　阳畦

4. 设暖棚或阳畦

设暖棚或阳畦与搭荫棚相似，但是除向阳面外都用较密的帘子与地面相接，多见于我国南方（见图 3-62）。

（八）苗期病虫害防治

花卉植物种类繁多，苗期病虫害也较多，这里简要介绍常见的苗圃病虫害及其防治方法。

1. 猝倒病

猝倒病是草本花卉种苗发芽出土和子苗阶段的最主要病害。种子或幼苗在未出土前遭受浸染而腐烂。子苗发病时地表或地表以下的茎基部呈水渍状病斑，接着病部变褐，组织坏死，子苗倒伏。

防治措施如下。

① 加强苗期处理：露地育苗应在地势较高、能排能灌的地方进行。保护地育苗用育苗盘播种，地温低时，在电热温床上播种；播种时适量浇水，选晴天上午浇水；播种密度不宜过大，对容易得猝倒病的种类或缺乏育苗经验的可条播；子苗太密又不能分苗的可适当间苗，发现病苗及时剔除病苗和用药物治疗，并应早分苗。

② 床土消毒：用 0.5% 福尔马林喷洒苗床，喷洒后堆置，用薄膜密封 5 ~ 7 天，揭去薄膜后等药味彻底挥发后再使用。或每平方米苗床可用 40% 五氯硝基苯可湿性粉剂 8g 兑水后进行土壤消毒。还可用蒸汽、开水和微波等方法消毒，杀灭所有病虫害及杂草种子。对无机基质，可用开水消毒或用 0.1% 高锰酸钾溶液消毒。

③ 拌种消毒：每平方米苗床用 25% 的甲霜灵可湿粉 9g 加 70% 代森锰针可湿粉 1g，或只用 40% 五氯硝基苯可湿粉 9g，对预防猝倒病效果较好。加入过筛后的细土 4 ~ 5kg，充分拌匀。苗床浇水后，先将药土的 1/3 撒匀，接着播种，播种后将 2/3 药土盖在种子上面，然后再撒细土至所盖土厚度，用药量必须严格控制，否则对子苗的生长有较大的抑制作用。

④ 种子消毒的具体方法参考播种技术。

2. 白粉病

白粉病会使月季、桃花、凤仙花、百日草、三色堇、凌霄、飞燕草、非洲菊等许多花卉的苗木染病。主要症状是在叶片、嫩梢上布满白色粉层。

防治措施如下。

① 清除病原，及时清扫落叶残体并烧毁。不用带有白粉病菌的床土培育秧苗，不用带有白粉病的母株扦插、分株。避免适合白粉病生长的最适湿度持续时间过长。

② 药剂防治：发病初期用下列可湿粉药剂防治，100 倍等量波尔多液，或 25% 粉锈 2000 倍液，或 30% 特富灵 1500 倍液，或 45% 敌哇铜 2500 ~ 3000 倍液，或 40% 灰克 1500 倍液，或 64% 杀毒矾 500 倍液，或 70% 甲从托布津 1000 倍液，每 7 ~ 10 天喷药 1 次。刚发生

时，也可用碳酸氢钠500倍液，每3天喷一次，连喷5~6次。

3. 炭疽病、叶斑病

炭疽病、叶斑病主要危害兰花、月季、白兰花、茶花等。通过清除病叶、增施有机肥可提高抗病能力。在5~6月份发病期喷代森锌、多菌灵、托布津、百菌清等农药800~1000倍加以防治。

4. 白绢病、紫纹羽病

白绢病、紫纹羽病主要危害兰花、五色草、君子兰、茉莉、茶花等花卉的根部。防治方法：拔去病株；在发病初期用多菌灵、托布津500倍液浇灌茎部周围土壤。

5. 蚜虫

蚜虫是对花卉秧苗危害最重的一种害虫，几乎每种苗木都会受一种或几种蚜虫的危害。它以刺吸式口器从苗中吸收大量汁液，使苗木营养恶化、生长停滞或延迟，严重时生长畸形，诱发煤污病，传播多种植物病毒。

防治措施如下。

①消灭虫源：将温室清理干净，消灭越冬虫源。在花卉生产温室中越冬的，要对土长的花卉加强防蚜。②常见农药有啶虫脒、吡虫啉、吡蚜酮、抗蚜威。

6. 白粉虱

白粉虱寄主范围很广，许多花卉都会受到侵染危害。白粉虱不能在北方露地越冬，因此，北方冬季消灭温室白粉虱是防治关键。在温室温度最低时采取综合防治措施，可防止白粉虱的发生。

白粉虱对黄色有强烈趋性，可设黄色灯，或在黄色板上涂上黏油等加以诱捕。药剂防治可用10%扑虱灵乳油800倍液，或25%灭螨猛乳油800~1000倍液，或20%灭扫利乳油1500~2000倍液。扑虱灵对白粉虱有特效，灭螨猛对成虫、卵、若虫都有效，保护地可用烟雾剂熏蒸。

7. 螨类

螨类对花卉秧苗的危害较大，尤其对木本花卉苗木。它用口针刺破表皮细胞，深入组织内吸取汁液，严重时致叶片凋落。防治措施：清除虫源，清除枯枝落叶和杂草，以压低越冬螨的数量；15%速螨酮（灭螨灵）乳油2500～3000倍液，或73%克螨特乳油1500～2000倍液等。

8. 蚧类

蚧类害虫种类繁多，已有文献报道的达6000种以上，生态类型也多，是木本花卉苗木的重要害虫，也危害一些草本花卉的秧苗。

防治措施如下。

① 防止虫源带入：不从有蚧类的母株上采取营养体作繁殖材料。调运花卉苗木时加强检疫，发现有蚧虫及时处理。

② 利用天敌寄生和捕食：可采用引种、人工繁殖释放等措施增加天敌的数量。

③ 药剂防治：以若虫分散转移期用药效果最好，此时虫体无蜡粉和介壳，其耐药力最弱。用50%马拉硫磷乳油600～800倍液，或20%杀灭菊酯乳油1500～2000倍液，或50%辛硫磷乳油800～1000倍液喷施。在冬季休眠的苗木上可用松脂合剂10～15倍液或3°～5°的石硫合剂。

9. 地下害虫

幼苗期的地下害虫主要有蝼蛄、蛴螬、地老虎等，取食播下的种子、幼苗根系或将花苗根部咬断，同时在土壤中活动造成纵横交错的隧道，使幼苗根系脱离土壤，花苗因失水而枯死。一般播种后苗期受害最重。

防治措施如下。

① 加强管理：床土过细筛，装入育苗盘里播种，播后盘上盖玻璃，使蝼蛄不能进入。

② 撒毒饵诱杀：饵料用麦麸、豆饼、棉籽饼、玉米粒、秕谷子等。先将饵料炒香，然后将90%敌百虫晶体30倍液与饵料拌匀，1kg饵料用1g 90%敌百虫，另加适量水拌潮为度，傍晚撒施；或在春季用糖、醋、酒、水按6：3：1：10的比例配制成糖浆，加入1%的敌敌畏进行诱杀。

③ 药剂防治：用 50% 辛硫磷乳油 800～1000 倍液，或 25% 增效硅硫乳油 800～1000 倍液，或 80% 敌百虫可湿性粉剂 1000 倍液喷洒或灌杀。

④ 人工捕杀：每天清早在杂草下捕杀地老虎；在蛴螬危害处拨开土壤捕杀；发现地表土有蝼蛄隧道，可用水灌将其赶出捕杀。

第四章

花卉无性繁殖

无性繁殖又称为营养繁殖，是指由植物体的根、茎、叶等营养器官或某种特殊组织产生新植株的生殖方式。苗木进行营养繁殖是因为植物细胞的全能性、植物营养器官的再生能力、植物激素对植物营养器官再生的促进作用及营养物质对器官再生的促进作用。营养繁殖的方法很多，包括扦插、嫁接、埋条、分株、压条等。

第一节

扦插繁殖

扦插繁殖是利用植物营养器官的一部分，如根、茎、叶、芽等，将它们插在土中或基质中，促其生根，并能生长成为一株完整、独立的新植株的繁殖方法。属于无性繁殖的一种。扦插用的植物营养器官称为"插穗"，扦插成活的苗子称为扦插苗。

一、影响扦插成活的因素

（一）内因

1. 树种的生物学特性

不同树种的生物学特性不同，因而它们的枝条生根能力也不一样。根据插条生根的难易程度可分为以下几类。

（1）易生根的树种　如柳树、青杨树、黑杨树、水杉、池杉、杉木、柳杉、小叶黄杨、紫穗槐、连翘、月季、迎春、金银花、常春藤、卫矛、南天竹、红叶小檗、黄杨、金银木、葡萄、无花果和石榴等。

（2）较易生根的树种　如侧柏、扁柏、罗汉柏、罗汉松、刺槐、国槐、茶、茶花、樱桃、野蔷薇、杜鹃、珍珠梅、水蜡树、白蜡、悬铃木、五加、接骨木、女贞、刺楸、慈竹、夹竹桃、猕猴桃等。

（3）较难生根的树种　如金钱松、圆柏、日本五针松、梧桐、苦楝、臭椿、君迁子、米兰、秋海棠、枣树等。

（4）极难生根的树种　如黑松、马尾松、赤松、樟树、板栗、核桃、栎树、鹅掌楸、柿树、榆、槭树等。

不同树种生根的难易只是相对而言，随着快繁研究的深入，有些很难生根的树种成为容易繁殖的树种。在快繁工作中，只要在方法上注意改进，就可能提高成活率。如一般认为扦插很困难的赤松、黑松等，在全光照自动喷雾快繁育苗技术条件下，生根率能达到80%以上。

2. 插穗的年龄

（1）母树年龄　插穗的生根能力是随着母树年龄的增长而降低的，在一般情况下母树年龄越大，植物插穗生根就越困难，而母树年龄越小则生根越容易。随着年龄的增加，母树的营养条件可能更坏，特别是在采穗圃中，由于反复采条，地力衰竭，母体的枝条内营养不足，也会影响插穗生根能力。所以，在选条时应选择年幼的母树，特别对许多难以生根的树种，应选用1～2年生实生苗上的枝条，快繁扦插效果最好。但是，如果目的是要求提前开花结果，则最好从已经开花结果的、生长旺盛的树上采集。

（2）插穗年龄　插穗年龄对生根的影响显著，一般以当年生枝的再生能力为最强，这是因为嫩枝插穗内源生长素含量高、细胞分生能力旺盛，促进了不定根的形成。

3. 枝条的着生部位及发育状况

有些树种树冠上的枝条生根率低，而树根和干基部一年生萌发条的生根率高。因为其发育阶段最年幼，再生能力强，又因其靠近根系，得到了较多的营养物质，具有较高的可塑性，快繁扦插后易于成活。

4. 枝条的不同部位

同一枝条的不同部位根原基数量和贮存营养物质的数量不同，其插穗生根率、成活率和苗木生长量都有明显的差异。一般来说，中上部枝条较好。这主要是中上部枝条生长健壮，代谢旺盛，营养充足，且中上部新生枝光合作用也强，对生根有利。

5. 插穗的粗细与长短

插穗的粗细与长短对于成活率、苗木生长有一定的影响。对于绝大多数树种来讲，长插条根原基数量多，贮藏的营养多，粗插穗所含的营养物质多，有利于插条生根。在生产实践中，根据需要和可能，采用适当长度和粗细的插穗，合理利用枝条，应掌握粗枝短截、细枝长留的原则。

6. 插穗的叶和芽

插穗上的芽是形成茎、干的基础。芽和叶能供给插穗生根所必需的营养物质，对生根有利。

7. 插穗的极性

插穗的极性是指插穗总是极性上端发芽、极性下端发根。枝条的极性是距离茎基部近的为下端、远离茎基部的为上端。根插穗的极性则是距离茎基部近的为上端、远离茎基部的为下端。扦插时注意插穗的极性，不要插反。

（二）外因

1. 水分

水分是影响扦插成活最重要的外界环境因素之一。包括三个方面：扦插基质的含水量、空气湿度及插穗本身含水的多少。扦插基质是调节插穗体内水分收支平衡、使插穗不致枯萎的必要条件，空气湿度大可减少插穗和扦插基质水分的消耗，减少蒸发和蒸腾。通常扦

插基质的含水量为田间最大含水量的 50% ～ 60%，空气相对湿度保持在 80% ～ 90% 为宜。插穗本身所含的含水量对扦插成活也是至关重要的，接穗采集时间过长，保存不当，失水过多，势必限制了插穗的生理活动，影响插穗的成活。因此，生产上扦插前都用清水浸泡插穗，维持插穗活力，浸泡 24h 为宜。

2. 温度

温度对扦插生根快慢起决定作用。一般木本植物扦插愈伤组织和不定根的形成与气温的关系是：8 ～ 10℃，有少量愈伤组织生长；10 ～ 15℃，愈伤组织产生较快，并开始生根；15 ～ 25℃，最适合生根，生根率最高；28℃以上，生根率迅速下降；36℃以上，扦插难以成活。

3. 光照

扦插后适宜遮阴，可以减少水分蒸发和插穗水分蒸腾，使插穗保持水分平衡。但遮阴过度，又会影响土壤温度。嫩枝扦插，并有适当的光照，有利于嫩枝继续进行光合作用，制造养分，促进生根，但仍要避免阳光直射，一般接受 40% ～ 50% 的光照为佳。因此，插床上要设遮阴网，以根据需要调节光照。

4. 空气

空气指插穗基质中的含氧量。扦插的基质要通气良好，如果基质内氧气含量低，通气不良，就会造成插穗腐烂，难以生根。

5. 扦插基质

扦插常用的基质有土壤、沙土、沙、珍珠岩、蛭石、草炭、泥炭、苔藓、炉渣、水或营养液（水插、雾插）等。一般，对于易生根的植物，常采用保水性和透气性较好的壤土或沙壤土。对于一些扦插较难生根的植物，则在土壤中可加入蛭石、珍珠岩、草炭等。

二、促进插穗生根的措施

（一）物理处理

1. 机械方式处理

进行扦插的前一个月，在准备做插穗的枝条基部进行环剥（宽度 1～2cm）、环割、刻伤（深达韧质部）、绞缢等措施，限制枝条上部制造的有机物和生长素向下运输而停留在枝条内，使扦插后生根及初期生长的主要营养物质和激素充实，促进扦插成活（见图 4-1～图 4-4）。

图 4-1 月季环剥处理

突出物

图 4-2 环剥处产生愈伤组织

图 4-3 月季插条

图 4-4 月季盆插

2. 黄化处理

进行扦插前，用黑布、纸、塑料薄膜等遮盖插穗一段时间，使其处于暗环境条件，插穗因缺光而黄化、软化，促进插穗生根。

3. 加温处理

对扦插生根的苗床进行加温，使苗床温度达到 15～25℃，促进生根，为保持湿度，要经常喷水。对于枝条内部含有单宁、酚类、松节油、松脂等而影响扦插生根的植物，扦插前可以用温水浸泡 2～5h，促进生根。

（二）化学药剂处理

1. 生长素处理

生长素具有促进生根的生理功能，因此，使用生长素对插穗进行化学处理，促进其生根。生产中常用的生长素有吲哚丁酸（IBA）、

图4-5　月季插条

萘乙酸（NAA）、2,4-D、生根粉等，吲哚丁酸效果最好，生产上常将两种生长素混合使用，能达到更为理想的效果。生长素浓度配比的高低主要依据插穗浸蘸时间的长短。浸蘸时间如果为数小时至一昼夜则浓度相对要低些，通常硬枝扦插 20 ～ 200mg/L，嫩枝扦插 10 ～ 50mg/L。如果是快速浸蘸，1 ～ 5s，则需要的浓度要高些，一般 500 ～ 2000mg/L（见图4-5）。

2. 其他化学药剂的处理

除了用生长素处理插穗外，还可以用 B 族维生素、蔗糖、精氨酸、硝酸银、尿素、高锰酸钾、硫酸亚铁、硼酸等。

三、扦插时期

1. 春季扦插

春季扦插主要利用已度过自然休眠的一年生枝进行扦插。插穗经过一段时期的休眠，体内的抑制物已经转化，营养物质积累多，细胞液浓度高，只要给予适宜的温度、水分、空气等外界条件就可以生根发芽。落叶树种宜早春进行，芽刚萌动前进行，过晚则温度较高，树液开始流动，芽开始膨大，枝条内的贮藏营养已消耗在芽的生长上，扦插后不易生根。常绿树扦插可晚些，因为它需要的温度高。这个时期主要进行硬枝扦插和根插。

2. 夏季扦插

夏季扦插是选用半木质化处于生长期的新梢带叶扦插。嫩枝的再生能力较已全木质化的枝条强，且嫩枝体内薄壁细胞组织多，转变为

分生组织的能力强，可溶性糖、氨基酸含量高，酶活性强，幼叶和新芽或顶端生长点生长素含量高，有利于生根，这个时期的插穗要随采随插。这个时期主要进行嫩枝扦插、叶插。

3. 秋季扦插

秋季扦插插穗采用的是已停止生长的当年生木质化枝条。扦插要在休眠期前进行，此时枝条的营养液还未回流，碳水化合物含量高，芽体饱满，易形成愈伤组织和发生不定根。

4. 冬季扦插

南方的常绿树种冬季可在苗圃进行扦插，北方落叶树种通常在室内进行。

四、插穗的采集与制作

1. 插穗的采集

（1）硬枝扦插插条　通常采集插穗的母株年龄的不同，插穗的成活率存在差异。生理年龄越轻的母株，插穗成活率越高。因此，应该选择树龄较年轻的幼龄母树，采集母株树冠外围的1～2年生枝、当年生枝或一年生萌芽条，要求枝条发育健壮、芽体饱满、生长旺盛、无病虫害等。如月季、杜鹃、橡皮树等木本花卉（见图4-6、图4-7）。

一、二年生
健壮发育枝

树冠外围剪
取发育枝

幼龄树

图4-6　硬枝插条的采集

图4-7　月季插条

（2）嫩枝扦插插条　嫩枝扦插主要是选择枝条顶端的嫩尖做插

条，如菊花、香石竹、彩叶草、秋海棠等草本花卉（见图4-8、图4-9）。

图4-8　菊花嫩枝扦插条采集

图4-9　香石竹嫩枝扦插条采集

2. 插穗的剪截与处理

插穗长度要根据植物种类、培育苗木的大小、枝条的粗细、土壤条件等确定。嫩枝扦插的插穗长度为 5 ～ 25cm，下部剪口大多剪成马耳形单斜面的切口，剪去插条下部叶片，仅留顶部 1 ～ 3 片叶，如果叶片大，则每片叶只留 1/2。硬枝扦插的插穗一般剪成 10 ～ 20cm 长的小段，北方干旱地区可稍长，南方湿润地区可稍短。接穗上剪口离顶芽 0.5 ～ 1cm，以保护顶芽不致失水干枯；下切口一般靠节部，每穗一般应保留 2 ～ 3 个或更多的芽下部，剪口多剪成楔形斜面切口（见图 4-10、图 4-11）。

图 4-10　葡萄插条修剪

图 4-11　法桐插条修剪

剪切后的插穗需根据各种树种的生物学特性进行扦插前处理，以提高其生根率和成活率。常用的是浸水处理，进行硬枝扦插前，应用清水浸泡 12 ～ 24h，使其充分吸水，以恢复细胞的膨压和活力。

五、扦插的种类和方法

扦插繁殖由于采取植物营养器官的部位不同，可分为三大类：枝插（硬枝扦插和嫩枝扦插）、根插、叶插（圈叶插、片叶插和叶芽插）。

（一）枝插

1. 硬枝扦插

硬枝扦插是利用充分木质化的一、二年生枝条进行扦插。扦插可在春季或秋季进行，以春季为多。采穗时间一般在秋季落叶后或春季树液流动前，结合休眠期修剪进行。剪好的插穗一般剪成 50cm 长，50 ～ 100 枝一捆，分层埋于湿沙，进行低温贮藏，贮藏温度为 1 ～ 5℃。硬枝扦插的插穗一般剪成 10 ～ 20cm 长的小段，每穗一般应保留 2 ～ 3 个芽，接穗上剪口离顶芽 0.5 ～ 1cm，下切口多剪成楔形斜面切口和节下平口。

硬枝扦插有直插和斜插，应根据插穗长度及土壤条件采取相应的扦插方式。一般生根容易、插穗短、基质疏松的采用直插；生根较难、插穗长、基质黏重的用斜插。

扦插深度要适当，过深地温低，氧气供应不足，不利于插穗生根；过浅蒸腾量大，插穗容易干枯。扦插的具体深度因树种和环境条件不同而异，树种容易生根、环境条件较好的圃地，扦插深度可浅一些；相反，生根困难的树种，土壤条件干旱，扦插可以深一些。一般落叶树种，扦插以地上部露出 2 ～ 3 个芽为宜，在干旱地区插穗可全部插入土中，插穗上端与地面平。常绿树种，扦插深度为插穗长度的 1/3 ～ 1/2 为宜（见图 4-12、图 4-13）。

2. 嫩枝扦插

嫩枝扦插又称为软枝扦插或绿枝扦插。大部分一、二年生花卉和部分花灌木通过扦插繁殖。嫩枝扦插生根很快，条件适宜的条件下，20 ～ 30 天即可成苗。嫩枝扦插在温室内一年四季都可以进行，露地则在生长旺盛的夏秋季进行，但夏季温度过高，要使用一些遮阴设施。

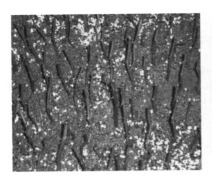

图4-12　月季硬枝扦插　　　　　　**图4-13　紫枝玫瑰硬枝扦插**

　　插穗应选择健壮、组织尚未老熟变硬的枝条，过于柔嫩易腐烂，过老则生根缓慢。插穗一般剪成5～10cm长，剪口多剪成马耳形单斜面的切口，剪口要光滑。插穗下部的叶片全部剪除，可在上端留2～3片叶，过大的叶片需减半或剪去叶片的1/3。多数花卉应随采随插，多汁液种类应待切口干燥后扦插，多浆植物应使切口在阴凉处干燥半日或数日后扦插，以防腐烂。

　　软枝扦插时应先开沟、浇水，将插穗按一定的株行距摆放到沟内或已扎好的孔内。插穗插入基质的深度以插穗长度的1/3～1/2为宜。嫩枝插穗生根要求的温度比硬枝稍高，一般为20～25℃，高者可达30℃，空气相对湿度应在85%以上，扦插初期应进行遮阴（见图4-14、图4-15）。

图4-14　一品红软枝扦插　　　　　　**图4-15　倒挂金钟软枝扦插**

3. 半软枝扦插

　　半软枝扦插一般是指用半木质化、正处在生长期的新梢插穗进行扦插的方式。多在 6 ～ 7 月份进行。插穗长 10 ～ 25cm，插穗下部的叶片全部剪除，上部全部剪除或留 1 ～ 2 片叶。扦插深度以插穗长度的 1/3 ～ 1/2 为宜（见图 4-16、图 4-17）。

图 4-16　金花茶半软枝扦插

图 4-17　桂花半软枝扦插

（二）根插

根插是利用一些植物的根能形成不定芽、不定根的特性，用根作为扦插材料来繁育苗木。根插可在露地进行，也可在温室内进行。采根的母株最好为幼龄植株或生长健壮的 1 ～ 2 年生幼苗。木本植物插根一般直径要大于 3cm，过细则贮藏营养少，成苗率低，不宜采用。插根根段长 10 ～ 20cm，草本植物根较细，但要大于 5mm，长度 5 ～ 10cm。根段上口剪平，下口斜剪。插根前，先在苗床上开深为 5 ～ 6cm 的沟，将插穗斜插或平埋在沟内，注意根段的极性。根插一般在春季进行，尤其是北方地区。

适用于根插的园林花木有泡桐、楸树、牡丹、刺槐、毛白杨、樱桃、山楂、核桃、海棠果、紫玉兰、蜡梅等（见图 4-18）。

图 4-18　根插

（三）叶插

利用叶脉和叶柄能长出不定根、不定芽的再生机能的特性，以叶片为插穗来繁殖新的个体，称叶插法，如秋海棠类、大岩桐、虎尾兰、石莲花、蔽草类、落地生根、景天、百合、夹竹桃等。叶插法一般都在温室内进行，所需环境条件与嫩枝扦插相同。叶插属于无性繁殖的一种，生产中应用较少。叶插分为全叶插和半叶插。

1. 全叶插

全叶插指用完整叶片做插穗的扦插方法。剪取发育充分的叶子，切去叶柄和叶缘薄嫩部分，以减少蒸发，在叶脉交叉处用刀切割，再将叶片铺在基质（草炭和沙各半）上，使叶片紧贴在基质上，给予适合生根的条件，在其切伤处就能长出不定根并发芽，分离后即成新植株；还可以带叶柄进行直插，叶片需带叶柄插入沙内，以后于叶柄基部形成小球并生根发芽，形成新的个体，如大岩桐、非洲紫罗兰、苦苣苔以及多肉植物等。全叶插分为两种方式，即平置叶插和直插叶插（见图4-19～图4-22）。

图4-19　多肉植物全叶片插　　　　**图4-20　橡皮全树叶插**

2. 半叶插

半叶插指将一片叶分割成数块，分别进行扦插，使每一块都能再生出根和芽，生长成为一株新植株。如虎尾兰的扦插，可将叶片剪下来，再横切长5cm左右的叶段为插穗，直插于沙中，插时原来上、下的方向不要颠倒，即可在叶段基部发出新根，形成新的植株（见图4-23、图4-24）。

图 4-21 大岩桐全叶插

图 4-22 丽格海棠全叶插

图 4-23 紫罗兰半叶插

图 4-24 橡皮树半叶插

　　大量扦插需要建立苗圃地，可以室内扦插，也可以露地扦插，根据花卉种类而定（见图 4-25、图 4-26）。

图 4-25 室内扦插

图4-26 室外扦插

六、扦插苗的抚育管理

1. 水分管理

水分是插穗生根的重要条件之一。自扦插起，到接穗上部发芽、展叶、抽条，下部生根，在此时期，水分除了插穗本身原有的外，就是依靠插穗下切口和插穗的皮层从基质中吸收的。嫩枝扦插和针叶树扦插虽然叶子能制造养分，但叶子也在蒸腾水分，因而水分的供需矛盾也很严重。这个时期生根的关键就是水分，所以要求插壤里必须有一定量的水分，发现水分不足时要及时灌溉。还可以扦插后再用地膜覆盖或搭荫棚，能降低水分蒸发，是保证扦插成活的有效措施。

2. 温度

木本植物生根的最适温度是 15 ～ 25℃，早春扦插地温低，达不到温度要求，可以用地热线加温苗床补温；夏季和秋季扦插，地温、气温都较高，可以通过遮阴或喷雾降低温度；冬季扦插必须在温室内进行。

3. 施肥管理

扦插生根阶段通常不需要施肥，扦插生根展叶后，必须依靠新根从土壤中吸收水和无机盐来供应根系和地上部分的生长，必须对扦插苗追肥。扦插后每隔 5 ～ 7 天可用 0.1% ～ 0.3% 的氮 - 磷 - 钾复合肥喷洒叶面，或将稀释后的液肥随灌水追肥。但进入休眠期前要及时控肥，防止幼苗贪青徒长，影响越冬。

4. 中耕除草

为防灌水后土壤板结，影响根系的呼吸，每次大水灌溉后要及时中耕除草。

5. 越冬防寒

当年不能出圃的苗木，在冬季地区露地越冬时，要进行防寒处理，可选覆草、埋土或设防风障、搭暖棚等措施。

第二节

嫁接繁殖

嫁接是指将植物的枝或芽接在另一株植株的枝、干或根上，使之愈合后生长发育成新个体的一种方法。供嫁接用的枝、芽称为"接穗"或"接芽"；承受接穗或接芽的根或枝条称为"砧木"。用嫁接方法繁殖的苗木属无性或营养繁殖苗，简称嫁接苗。表示方法：接穗 / 砧木。适合嫁接的花卉有木本类、菊花、仙人掌类。

一、嫁接的作用和意义

（一）嫁接成活的原理

花木嫁接能否成活，主要决定于砧木和接穗二者的削面，特别是形成层间能否互相密接产生愈伤组织，并进一步分化产生新的输导组织而相互连接。愈合是花木嫁接成活的首要条件。形成层和薄壁细胞的活动对花木嫁接愈合成活具有重要意义。

1. 枝接的愈合过程

（1）隔离层的形成　花木枝接时，砧木和接穗接触面上的破碎细胞与空气接触，其残壁和内含物即被氧化，原生质遭到破坏，产生凝聚现象，形成隔离层，它是在伤口的部分表面上的一层褐色的坏死组织。隔离层有防止花木水分蒸发、保护伤口不受有害物质浸入的作用。如果隔离层太宽、太厚就会影响花木愈合，降低成活率。因此在嫁接花木时削面一定要平滑，嫁接后要捆缚紧，使砧木和接穗之间的空隙尽量减少，以提高花木成活率。

（2）愈伤组织的产生和结合　隔离层形成后，由于愈伤激素的作用，使伤口周围的细胞生长和分裂，形成层细胞也加强活动，并使隔离层破裂形成愈伤组织。长在地上的砧木产生较多的愈伤组织。愈伤组织充满在砧穗间的空隙，使砧穗紧密相连，并为花木提供机械支撑，使砧穗间的水和营养物质得以通过。因此，砧木和接穗的愈伤组织发展得越快，二者连接得越早，对接穗水分的供应也就愈早，花木嫁接成活的可能性也越大。

形成层是愈伤组织形成最多的部位，如果砧木与接穗的形成层配合很好，那么它们产生的愈伤组织可以很快相连接，并会加速新形成层的形成。实际上要达到砧木与接穗二者形成层完全配合是不可能的，只要二者形成层部分地紧密相接使它们产生的薄壁细胞连接起来即可。但配合不好的形成层会推迟接口的愈合，如配合极端不好花木就不能接合。

单子叶植物的嫁接和果树上枝芽以外的某些器官的嫁接，并不需要形成层，只要伤口受刺激，产生分生组织即可。韧皮部、髓射线、髓等薄壁组织都可产生愈伤组织。因此形成层并非是所有嫁接绝对需要的组织。从本质上讲，分生组织是花木嫁接绝对必需的，形成层亦属于分生组织。

（3）新形成层的产生　嫁接2～3周后，在新形成的愈伤组织边缘，与砧穗二者形成层相接触的薄壁细胞分化成新的形成层细胞。这些新形成层细胞离开原来的砧穗形成层不断向里面分化，穿过愈伤组织，直到砧穗间形成层相接为止。

（4）新的维管组织的分化与接通　在愈伤组织内，新形成的形成层开始正常的形成层活动，沿砧木与接穗的原始维管形成层产生新的木质部与韧皮部，将接穗与砧木的木质部导管与韧皮部的筛管沟通起来。这样输导组织才真正连通。愈伤组织外部的细胞分化成新的栓皮细胞，与两者栓皮细胞相连，这时两者才真正愈合成一新植株。

2. 芽接愈合过程

此过程大致与枝接相近。苹果芽接时，砧木接口皮层是被从未分化成的木质部割离的，形成层整个留在拨开的皮层里边。在接芽插入不久，切割部分的细胞成为一坏死层。紧接着约2天，从砧木木质射线开始产生愈合组织——薄壁细胞，并冲破坏死层。芽片的一些愈伤组织也以类似的方式冲破坏死层。当愈伤组织进一步增生，就把芽片包围并固定。愈伤组织几乎全部从砧木组织产生，极少从芽片产生。愈伤组织的增生持续 2～3 周，直到内部空隙部分全被充满为止。随后接芽和砧木之间的形成层连接起来，愈伤开始木质化并分化成各种管状组织，愈伤组织在芽接后 12 周完全木质化。

（二）嫁接的作用和意义

1. 保持品种的优良特性

对于异花授粉的植物，由于不同品种间的花粉受精后形成种子，这类种子具有父本和母本双重遗传性，用种子繁殖后代，其后代性状容易产生分离，不能保持母本原有特性。嫁接后接穗生长发育和开花结果，虽然也不同程度地受砧木的影响，但与其他营养繁殖一样能保持母本遗传特性不变，继续保持母本优良特性。

2. 提早开花结果

实生繁殖的植物尤其木本植物，播种后必须经过生长发育到一定年龄后才能开花结果，通常几年甚至十几年。俗话说"桃三、李四、杏五年"就是指桃、李、杏播种后分别经过 3 年、4 年、5 年才能开花和结果，核桃、板栗一般需 10 年才结果，如果采用嫁接繁殖，这些树种当年或第二年就可以开花结果。中国的活化石"银杏"又称为"公孙树"，实生繁殖 20 年后才进入盛果期；采用嫁接法繁殖，10～13 年即可结果。由于嫁接树所采用的接穗都是从成年树上采的枝和芽，已经具有较大的发育年龄，同时，砧木已具备较强大的根系，把接穗嫁接在砧木上，成活后就能很快生长发育、提早开花和结果。

3. 增强品种抗性和适应环境的能力

通常砧木具有抗寒、抗旱、抗病、耐盐碱、耐瘠薄等特性，利用砧木对接穗的生理影响，提高接穗的生理抗性。如苹果嫁接在山荆子上可以提高接穗的抗寒性和抗旱性。

4. 改变株型

选用矮化砧或乔化砧，改变接穗的株型，调节生长势，使苗木矮化或乔化，培育不同株型的苗木，提高接穗的经济价值、观赏价值等。

5. 克服不易繁殖的缺陷、加速优良品种的繁殖

单性结实、孤雌生殖等结实不育，或者是结实少甚至不结实等不能进行有性繁殖的品种，而通过扦插等无性繁殖手段又难以成活，于是嫁接就成为其主要的甚至是唯一的繁殖手段。如碧桃、观赏性海棠、牡丹、茶花等。目前园林植物品种日新月异，采用嫁接繁殖可加速优良品种的扩繁。

6. 艺术造型、提高观赏价值

将不同品种的花木嫁接在同一植株上，可获得多姿多色和延长花期的效果，如夹竹桃、天竺葵、蟹爪兰、月季、仙人掌等（见图4-27～图4-30）。

图4-27　不同月季品种嫁接在一起

图4-28　树状月季嫁接

图4-29　榕树盆景嫁接

图4-30　仙人掌类嫁接

二、影响嫁接成活的因子

（一）内部因素

1.接穗和砧木的亲和力

所谓嫁接亲和力就是指砧木和接穗经嫁接而能愈合生长发育的能力。具体地说，就是砧木和接穗在内部的组织结构上、生理和遗传性上彼此相同或相近，从而互相结合在一起生长发育的能力。亲和力是影响嫁接成活的首要因素。亲和力越强，嫁接成活的概率越大；亲和力越弱，嫁接越不容易成活。植物学分类上嫁接亲和力主要由亲缘关系决定，亲缘关系越近，其亲和力越强；亲缘关系越远，其亲和力越弱。亲缘关系由近及远的顺序为：同品种间、同种异品种间、同属异种间、同科异属间、不同科间。

2.砧木和接穗营养物质的积累、生活力及生理特性的影响

砧木和接穗体内营养物质积累越多，形成层越易于分化，越容易形成愈伤组织，嫁接成活率越高，同时，砧木、接穗生活力的高低也是嫁接成活的关键，生活力保持越好，成活率越高。因此，接穗应从发育健壮、丰产、无病虫害的母树上选树冠外围、生长充实、发育良好、芽子饱满的一、二年枝上剪取。砧木要求生理年龄轻、生命力强的一、二年生的实生苗。

另外，砧木和接穗的生理特性也影响着嫁接的成败。如砧木和接穗的根压不同，砧木根压高于接穗生理正常；反之，就不能成活，因此，有的嫁接正接能成活，反接就不能成活。

3.砧木和接穗内含物对嫁接成活的影响

松类、柿子、山桃、核桃等林木进行嫁接时，砧木的切口上常产生松节油、松脂、单宁、酚类物等特殊的"伤流"物质。在"伤流"液度较大的情况下，接穗泡在"伤流"中会影响伤口细胞呼吸，使愈伤组织难以形成，造成接口霉烂，同时单宁物质也直接与构成原生质的蛋白质结合发生沉淀作用，使细胞原生质颗粒化，从而在结合面之间形成数层由这样的细胞组成的隔离层，阻碍着砧木和接穗双方物质的交换，导致嫁接失败。因此，这类林木在嫁接时要选择适时的嫁接时期，通常在"伤流"较少时期进行，嫁接时操作快而准，缩短切口

面与空气接触的时间，最大限度减少酚类物质的氧化时间。

（二）外部因素

1. 温度

温度影响嫁接繁殖愈伤组织的形成。温度过高，蒸发量太大，切口易失水，处理不当嫁接不易成活；温度太低，形成层活动差，愈合时间过长，容易造成切口腐烂，嫁接不易成活。通常愈伤组织生长适温是 20～25℃，低于 15℃ 或高于 35℃ 则愈伤组织形成慢甚至停止生长。但不同植物在形成愈伤组织时需要的适温是不同的，如梅20℃、山茶 26～30℃、枫 30℃ 时形成量多。

2. 湿度

在砧木、接穗愈合前保持接穗及接口处上的湿度是嫁接成活的一个重要保证。愈伤组织的形成需要一定的空气环境湿度，接口处空气湿润，相对湿度越接近饱和，愈伤组织越易形成，接口过于干燥会导致细胞失水，时间一长会导致死亡，使嫁接失败。同时，接穗也需要一定湿度以保持活力，保证形成层细胞活动正常。生产上常用塑料薄膜包扎或涂蜡来保持湿度。

3. 光照

一般黑暗条件能促进愈伤组织的生长，黑暗中愈伤组织的生长速度比在强光下快 3 倍左右。因此，嫁接后适当遮光可提高嫁接成活率，生产上可嫁接后套信封或黑色袋子，但嫁接愈合后要及时撤除。

4. 气象

在室外嫁接时，注意避开不良气候条件，阴湿的低温天、大风天、雨雪天都不宜嫁接。阴天、无风和湿度较大的天气最适宜嫁接。

三、嫁接育苗技术

（一）嫁接工具

1. 嫁接工具

常用的嫁接工具有劈刀、手锯、剪枝剪、劈接刀、枝接刀、芽接刀、根接刀等（见图 4-31～图 4-34）。

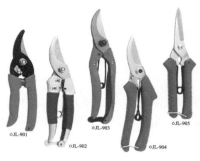

图 4-31　剪枝剪

图 4-32　芽接刀

图 4-33　劈接刀

图 4-34　手锯

2. 绑扎材料

过去常用蒲草、马兰草、麻等，现在主要采用塑料薄膜。

3. 接蜡

为防止水分蒸发和雨水浸入接口，用接蜡封口可提高成活率。常用的接蜡分为固体接蜡和液体接蜡两类。接穗封蜡的方法很简单，将市场销售的工业石蜡切成小块，放入铁锅或铝锅等容器内加热至熔化，把接穗剪成所需长度，顶芽留饱满芽，当石蜡烧到 100℃ 左右时，将接穗蘸入熔化的石蜡中，并立即拿出，而后再将另一头蘸进再迅速取出。

（二）嫁接时期

园林植物嫁接成活的好坏与气温、土温、砧木、接穗的生理活性有着密切关系，因此，嫁接时期因植物种类、环境条件以及嫁接的方式方法不同而有所不同。一般硬枝嫁接、根接在休眠期进行，芽接和绿枝嫁接在生长季节进行，具体时期如下。

1. 休眠期嫁接

所谓休眠期嫁接实际上是在春季休眠期已基本结束、树液已开始流动时进行。主要在2月中下旬至4月上旬进行，此时砧木的根部及形成层已开始活动，而接穗的芽即将开始萌动，嫁接成活率高。这个时期主要进行硬枝嫁接、根接。

2. 生长期嫁接

生长期嫁接主要在5～9月份进行，此时树液流动旺盛，枝条腋芽发育充实而饱满，新梢充实，养分贮藏多，增殖快，砧木树皮容易剥离，主要进行芽接和绿枝接。大部分草本植物的嫁接都在这个时期进行。

（三）砧木、接穗的采集与贮藏

1. 接穗的采集与贮藏

正确采集接穗也是影响嫁接成活的重要因素。首先，采取接穗的母树要求树体健壮、品种优良纯正、无病虫害，而接穗一般选用树冠外围、生长充实、芽体饱满的枝条。

选取接穗的标准主要根据嫁接时期及嫁接方式的不同而进行，春季进行硬枝嫁接，接穗多用一年生枝，结合冬季修剪采集，低温下贮藏越冬。贮藏的接穗剪成长50cm左右，按品种捆成捆，然后封存在塑料袋中，放入地窖或冰箱、冷库中，通常温度0～10℃（见图4-35）。生长季节进行绿枝嫁接或芽接，多采用当年生枝，为保证成活率，应随采随接，绿枝嫁接的接穗要去除多余叶片，通常留上部1～2片即可，防止叶片过多造成水分大量蒸腾、消耗。同一枝条上，中间部位的芽体最为饱满，作为接穗最佳。

2. 砧木的选取

砧木对接穗的生理影响很大，因此，选择砧木也是至关重要的。通常选择砧木遵循的几个原则为：与接穗亲和力强；根系较为发达；对当地的气候、土壤等环境条件适应性强（如抗寒、抗旱、耐盐碱、

图4-35 接穗低温贮藏

耐涝、抗盐碱、抗病虫害等）；对接穗的生长、开花、结果有优良的影响；繁殖材料丰富，且繁殖系数高。

四、嫁接的种类和方法

根据接穗的不同，嫁接分为枝接、芽接、髓心形成层对接、仙人掌类植物嫁接等。具体方法，枝接分为切接、劈接、腹接、靠接、皮下接、舌接等。芽接分为"T"字形芽接、嵌芽接、方块芽接、套芽接等。仙人掌类植物嫁接主要采用平接法、插接法。

（一）枝接

枝接是利用繁殖品种的枝条截成接穗，将砧木的枝干截断，在断面上插嵌接穗，使彼此结合成一体的嫁接方法。枝接主要分为以下几种方法。

1. 切接法

切接法是枝接中常用技术，适用于乔木、灌木等大多数木本花木。砧木粗于接穗，砧木直径通常为 1～2cm。

接穗的处理：选择生长健壮、侧芽饱满、长 5～10cm、带有 1～3 芽的枝段作为接穗。在接穗的下端（注意接穗的极性）至接穗芽背面一侧，用刀削成削面长 2～3cm、深达木质部1/3 的平直光滑斜面，然后再在其下端另一侧削成45°角、长约 1cm 的小斜面，略带木质部。

砧木的处理：砧木距离地面 3 ～ 5cm 处截断，截面要光滑平整。选择砧木皮较厚、光滑无节、木材纹理顺直的一侧，用刀稍带木质部向下垂直切下，切口深约 3cm，掌刀要稳，不宜过猛，防止切口过深而影响愈合。

嫁接：将削好的接穗的长斜面面对砧木的大削面轻轻插入砧木的切口，使接穗削面和砧木削面的形成层对齐，并紧密结合。如果接穗较砧木细，必须保证一边的形成层与砧木形成层对准、靠近。注意接穗的削面不要全部插入砧木的切口，应露出 0.1 ～ 0.2cm 削面（嫁接上称为露白），有利于接穗、砧木削面结合紧密。接穗和砧木插入对准后，立即用塑料薄膜带（宽约 15cm，长约 20cm）将砧木切口的皮层由下向上轻轻拢起并于接穗外面缠绕绑缚紧密，绑扎时应小心，注意不要使接穗和砧木结合处有丝毫松动，并用塑料带包裹好整个接口及砧木的断面。绑缚好后，可套上信封，以提供稍暗环境且保湿，提高成活率。但注意嫁接成活后要及时除袋（见图 4-36、图 4-37）。

图 4-36　切接的接穗

图 4-37　砧木处理及嫁接方法

2. 劈接法

适用于砧木较粗（直径大于 3cm）而接穗较砧木细的嫁接方法。

削接穗：接穗剪取长 6 ～ 10cm，带有 2 ～ 4 个芽，在其下端削成两个长度约为 3cm 的楔形平滑削面。若砧木和接穗粗细相当时，接穗两楔形削面要对称，如果砧木粗于接穗时，则接穗靠砧木形成层外侧比内侧略厚些。

劈砧木：砧木距离地面 5 ～ 6cm 处锯断，将断面削平，用劈接刀在砧木断面中间位置垂直向下劈入，深度应等于或略长于接穗削面（通常 3 ～ 4cm）。如果砧木过粗，木质化程度大，可用锤子进行辅助。当砧木很粗时，可劈两刀，成"十"字形切口，嫁接四个接穗，提高成活率。

嫁接：砧木劈好后，用刀撬开砧木后随即将削好的接穗插入，使接穗与砧木一侧的形成层对齐，切不可插入砧木切口的中间。插接穗时不要把接穗全部插入接口，要露白。然后用塑料带绑缚，伤口全部包敷。若砧木较粗，可在砧木切口两侧各插入一个接穗，若砧木是十字形切口，可插入四个接穗，有利于愈合（见图 4-38 ～图 4-41）。

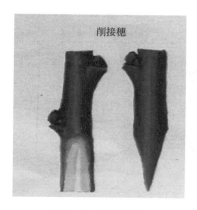

图 4-38 劈接接穗

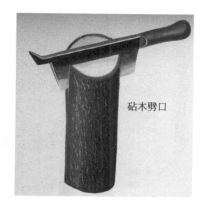

图 4-39 劈接砧木处理

图 4-40 插入接穗

图 4-41 插入双接穗

3. 腹接法

不截砧冠的枝接方法是在砧木离地面较高的部位进行枝接，故称为腹接。腹接多在 4～9 月份进行。切削方法和劈接法相似，所不同的是削面是斜楔形，即在接穗基部削一长约 3cm 的削面，再在其对面削长 1.5cm 左右的短削面，长边厚而短边稍薄。砧木不必剪断，在欲接部位选平滑处向下斜切一刀，刀口与砧木垂直线成 45°左右，与接穗的削面大小、角度相适应。将接穗斜面的木质部插入切口中，对准形成层，接后用塑料带绑缚牢固，待成活后再将嫁接部位以上的砧木去除（见图 4-42、图 4-43）。

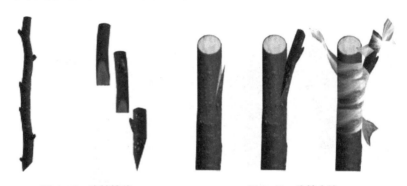

图 4-42　腹接接穗　　　　**图 4-43　腹接方法**

4. 靠接法

将两株植物在保留各自根系的前提下，枝条相互靠合，使其愈合后再剪切分离的嫁接方法。由于此法接穗在与砧木产生愈伤组织前不与母体分离，因此成活率高。但此法繁殖时间长，适合于较为珍稀的植物或其他嫁接方法不易成功的植物。

靠接通常在生长季节进行，具体有分枝靠接、幼苗靠接、根靠接等，生产上常用分枝靠接法。分枝靠接法是先将接穗栽植于花盆中，成活后将花盆移至准备嫁接砧木的旁边，再设法调整砧木的高度，使砧木与接穗的位置相当，即可进行靠接。靠接时，先将接穗和砧木的相应部位各削去一部分皮层，露出形成层，然后将二者的形成层互相接合，接合处用塑料带捆缚严实。待 2～3 个月愈合后，将接穗与母株分离，剪去砧木的上部即成为新的植株（见图 4-44）。

5. 皮下接

皮下接又称为插皮接，在生长季即皮层容易剥离时进行。常用于较粗的砧木或大树高接换种时采用。具体方法是：嫁接时先在需要嫁接的部位选光滑无伤疤处将砧木锯断，用刀削平锯口，沿着锯口皮层的一侧垂直切一切口，深达木质部，长度比接穗长

图4-44 嫩枝靠接

斜面稍短，并橇起两边的皮层，再将接穗削成一斜面长3～5cm的削面，削面要平整光滑且薄，然后再在削口背面的两侧各微削一刀，削好后立即将接穗长削面向里插入砧木皮层内，接穗露白，用塑料薄膜带捆绑严实即可（见图4-45～图4-50）。

图4-45 皮下接接穗

图4-46 皮下接砧木处理

图4-47 插入接穗1

图4-48 插入接穗2

图 4-49　绑缚

图 4-50　插入多个接穗

（二）芽接

芽接指用芽作为接穗进行嫁接的方法，在生长季节、树皮易剥离时期进行，着生芽的枝条多采用当年生枝。芽接具有繁殖系数高、接穗和砧木结合紧密、成苗率高、方法简单等特点，是目前应用较为广泛的嫁接方法。常用的方法主要有两种："T"字形芽接和嵌芽接。

1."T"字形芽接

"T"字形芽接也称"丁"字形芽接，是最为常用的芽接方法。

选择当年生枝条，将叶片剪除，只留 1/4 叶柄，以保护芽。选择充实饱满的芽体，在芽体上方约 1cm，宽度为接穗粗度的 1/2，削至深达木质部。再在芽下约 2cm 处，斜向由浅至深向上削进木质部1/3，至横切处为止，成一盾状芽片，将芽片掰起。砧木则选择 1～2年生健壮幼苗，在距离地面 10cm 的光滑无节处用芽接刀割一"丁"字形接口，横切刀宽约 1cm，纵切刀约长 1.5cm，用刀尖轻轻撬开皮层，将盾形芽慢慢插入皮层内，至芽的上部与砧木的横切面平齐为止，两者紧贴，再用塑料带绑缚即可（见图 4-51）。

2.嵌芽接

嵌芽接又名贴皮接、方块接等。此法常用于具棱或沟的接穗，以及接穗和砧木不容易离皮时的嫁接。

嫁接时先在选好的接芽四周切四刀，长 2cm，宽 1cm，呈长方形，再在砧木上距地面 5cm 左右选择光滑处，切和接芽同等大小的

图4-51 "T"字形芽接示意

长方形切口，从侧面切口剥去皮层，立即将从接穗上取下的方块接芽填入切口内，再用塑料带绑紧即可（见图4-52、图4-53）。

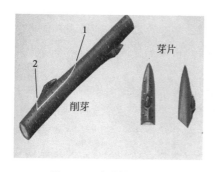

图4-52 嵌芽接芽片削取

图4-53 嵌芽接砧木处理及嫁接方法

（三）其他

1. 髓心形成层对接

此法适用于针叶树种。接穗取长10cm左右、发育良好的枝条，除保留上端8～12个针叶簇外，其余全部除去。用锋利的刀片自顶芽（如松类）或留出1～2cm（如水杉）以下斜切到髓心，然后沿着髓心纵向下切，直至下部，切面要平滑。砧木用2～3年生苗，除保留顶部15～20个叶簇外，其他侧芽和针叶全部除去，去掉针叶的部位应比接穗长，然后顺砧木苗切削成细长的纵向树皮带，深达形成层，切面的长和宽与接穗相同，再把接穗切面对准砧木的切面贴上去，绑捆包扎，待愈合后解绑（见图4-54）。

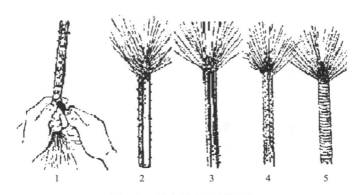

图 4–54　髓心形成层对接示意

2. 仙人掌类植物的嫁接法

仙人掌类植物的嫁接主要用于嫁接小球，促进加速生长，同时也用于某些根系发育不良、生长缓慢以及一些珍贵而不容易用其他方法繁殖的种类。嫁接通常在春季（清明前后）结合换盆进行，方法主要有平接和插接两种。

（1）平接法　适用于柱状或球形的种类。嫁接时用利刀将砧木上端横向截断，并在柱棱的肩部削成斜面（防止积水），然后将接穗基部平切一刀后，两者对准砧木的中柱部分接上去：接穗与砧木的切面务必平滑，最后用塑料条做纵向捆绑，使两者密切结合，防止接穗移动（见图 4-55 ～图 4-62）。

图 4–55　仙人球做砧木

图 4–56　砧木切削方法 1

图4-57　砧木切削方法2

图4-58　将接穗放在砧木髓心位置并固定

图4-59　套塑料袋保湿

图4-60　嫁接成活

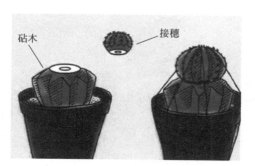

图4-61　仙人球髓心形成层对接示意

（2）插接法　一般适用于蟹爪兰、仙人掌等具扁干茎节的悬垂性种类。嫁接时用利刀在砧木上横切去顶，再在顶部中央垂直向下切一裂缝，接着在接穗下端的两侧削平，略成楔形，插进砧木的裂缝

插接的多种固定方法

竹签固定

仙人掌
硬刺固定

木夹固定

竹片固定

封蜡固定

图 4-62　蟹爪兰嫁接示意

内，用带子绑紧，使接穗和砧木的中柱部分密接。

仙人掌类嫁接后，放在干燥处，1 周内不可浇水，伤口不可碰到水。成活后，可移到向阳处进行正常管理（见图 4-63）。

五、嫁接后的管理

1. 检查成活情况与解除绑缚物

图 4-63　仙人掌插接示意

芽接苗在接后 7 ～ 15 天即可检查成活情况。生产上常从接芽和叶柄的生长状态来判断。凡是接芽新鲜、叶柄脱落或未脱落但手轻轻一触就脱落的即为成活（见图 4-64）。如果芽片干枯或叶柄不易脱落的为未成活，需及时进行补接。在检查成活情况的同时，应及时松绑或解除绑缚物，以免妨碍砧木的加粗生长或避免绑缚物陷入皮层使芽片受伤。在严寒干旱地区，为保护接芽安全越冬，也可在翌年春芽萌动前解除绑缚物。

枝接苗可在接后 15 ～ 20 天检查成活情况，可通过接穗上的芽萌动情况进行判断。如果接穗上的芽已经萌动，或虽然未萌动，但芽体仍新鲜饱满，接口处已产生愈伤组织，表示已经成活。如果接穗已经干枯或腐烂，则表示接穗已经死亡，应及时补接。成活后及时解除绑缚物。

图4-64　芽接成活后叶柄一触即落

2. 剪砧

嫁接成活后及时剪砧。剪砧的剪口不宜离剪口太近或太远，太近会有伤接芽或萌芽，容易使芽体抽干；太远又会留砧桩太长，不利于接穗成活。生产上，常在接口部位上方20cm左右处剪断。剪砧时间要适宜，过早会导致剪口风干受冻，过晚会消耗养分，影响接穗的生长。

3. 除萌

嫁接成活后，砧木上会时常萌发萌蘖，要及时除萌，防止萌蘖消耗养分而影响接穗的生长。

4. 加强肥水管理，及时中耕除草

5. 注意病虫害防治

第三节

分株繁殖

分株繁殖就是将花卉的萌蘖枝、根蘖、丛生枝、吸芽、匍匐枝等从母株上分割下来，另行栽植为独立新植株的方法。分株繁殖多用于丛生型或容易萌发根蘖的灌木或宿根类花卉。分株时需注意，分离的

幼株必须带有完整的根系和 1～3 个茎干。幼株栽植的入土深度应与根原来的入土深度保持一致，切忌将根颈部埋入土中；此外，对分株后留下的伤口应尽可能进行清创和消毒处理，以利于愈合。

多数木本观赏植物在分株前需将母株挽起，然后用刀、剪、斧将母株分劈成几丛，并尽量多带根系。对一些萌蘗力很强的灌木和藤本植物，可就地挖取分蘗苗进行移植培养。

盆栽观赏植物分株时，可先将母株从盆内取出，抖掉部分泥土，顺其萌蘗根系的延伸方向，用刀把分蘗苗和母株分割开，另行栽植。有一些草本花卉常从根茎处产生幼小植株，分株时先挖松附近的盆土，再用刀将幼小植株从与母株连接处切掉并另行栽植。分株苗栽植后，要及时浇水、遮阴，以利缓苗和生长。

分株繁殖成活率高，可在较短时间内获取大苗，但繁殖系数小，不容易大面积生产，且苗木规格不整齐，多用于小规模的繁殖或名贵花木的繁殖。

一、分株繁殖的主要类型

1. 分根蘗

一些乔木类树种，常在根部长出不定芽，伸出地面后形成一些未脱离母株的小植株，即根蘗，将根蘗与母株分离另行栽植即为分根蘗繁殖。如银杏、香椿、臭椿、刺槐、毛白杨、泡桐和火炬树等。许多花卉植物，尤其是宿根花卉根部也很容易发出根蘗或者从地下茎上产生萌蘗，尤其根部受伤后更容易产生根蘗，如兰花、南天竹、天门冬等（见图 4-65、图 4-66）。

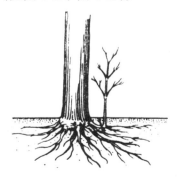

图 4-65　根蘗苗

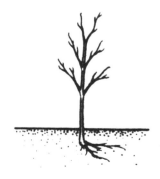

图 4-66　分根蘗

2. 分茎蘖

一些丛生型的灌木类、兰科及石蒜科植物，在茎的基部都能长出许多茎芽，并形成不脱离母株的小植株即茎蘖，将茎蘖与母株分离另行栽植，即为分茎蘖。如紫荆、绣线菊类、蜡梅、牡丹、紫玉兰、春兰、萱草、月季、迎春、贴梗海棠、石斛兰、君子兰等（见图4-67～图4-75）。

图4-67　石斛兰茎蘖

图4-68　将母株从盆里取出

图4-69　切分子株

图4-70　切割后立即上盆

3. 分匍匐茎

匍匐茎是植物直立茎从靠近地面生出的枝条向水平方向延伸，其顶端具有变成下一代茎的芽，或在其中部的节处长出根而着生在地面形成的幼小植株。在生长季节将幼小植株剪下种植。如草莓、葡萄、沙地柏等（见图4-76～图4-79）。

图4-71　君子兰茎蘖

图4-72　高锰酸钾消毒

图4-73　切分子株

图4-74　紫药水涂抹伤口

图4-75　子株栽植

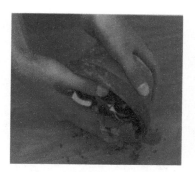

图 4-76　将母株从盆中倒出

图 4-77　根系修剪

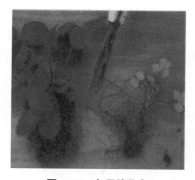

图 4-78　与母株分离

图 4-79　栽植新株

4. 分走茎

吊兰母株开花后从花茎顶端及茎节处长出分株，空气湿度大时大多还能长出根系，将子株剪下另行栽植（见图 4-80～图 4-83）。

图 4-80　母株花茎顶端及茎节处长出分株

图 4-81　将走茎上的子株剪下准备移栽

图 4-82　将子株移栽在花盆中　　　　**图 4-83　2个月后长出新叶**

5. 分球

　　球根类花卉每年都会产生新球和子球，分球繁殖是球根花卉常用的繁殖方法。如唐菖蒲、百合、郁金香、风信子、朱顶红等（见图 4-84 ～图 4-86）。

图 4-84　唐菖蒲新球　　　　　　**图 4-85　唐菖蒲子球**

二、分株时间

　　分株的时间依植物种类而定，大多在休眠期进行，即春季发芽前或秋季落叶后进行。为了不影响开花，一般春季开花者多秋季分株；秋季开花者则多在春季分株。秋季分株应在植物地上部分进入休眠而根系仍未停止活动时进行；春季分株应在早春土壤解冻后至萌芽前进行，温室花卉的分株可结合进出房和换盆进行。

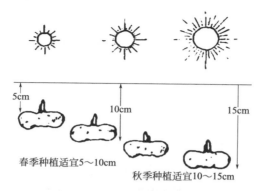

5cm
10cm
15cm

春季种植适宜5～10cm

秋季种植适宜10～15cm

图4-86　唐菖蒲新球种植

❋❋ 第四节 ❋❋
压条、埋条繁殖

一、压条繁殖

压条繁殖是无性繁殖的一种，是将母株上的枝条或茎蔓埋压土中，或在树上将欲压的部分的枝条基部经适当处理包埋于生根介质中，使之生根后再从母株割离成为独立、完整的新植株。压条繁殖多用于茎节和节间容易自然生根而扦插不易生根的木本花卉。特点是在不脱离母株条件下促其生根，成活率高，成形容易；但操作麻烦，繁殖量小。

（一）压条繁殖的主要方法

1.普通压条

普通压条又称偃枝压条。多用于枝条柔软而细长的藤本花卉或丛生灌木，压条时选择基部近地面的1～2年生枝条，先在节下靠地面处用刀刻伤几道，或进行环状剥皮、绞缢，割断韧皮部，不伤害木质部；开深10～15cm沟，长度依枝条的长度而定；将枝条下弯压入土中，用金属丝弯成U形将其向下卡住，以防反弹；然后覆土，把枝梢露在外面，用棍缚住，使不折断。此法多在早春或晚秋进行，春季压条，秋季切离；秋季压条，翌春切离栽植。生根割离母体需要大约一个生长季。适宜的树种如蜡梅、迎春、葡萄、茉莉、金银花、凌霄、夹竹桃、桂花、软枝黄蝉等（见图4-87、图4-88）。

图4-87　普通压条

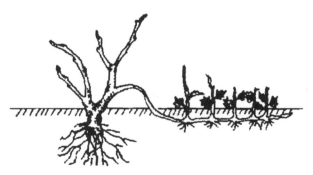

图4-88　葡萄的普通压条

2. 堆土压条法

适用于丛生性强、枝条较坚硬不易弯曲的灌木，如栀子、杜鹃、迎春、连翘、八仙花、六月雪、金钟花、贴梗海棠等。将其枝条的下部进行环状剥皮或刻伤等机械处理，然后在母株周围培土，将整个株丛的下半部分埋入土中，并保持土堆湿润。待其充分生根后到翌年早春萌芽以前，刨开土堆，将枝条自基部剪离母株，分株移栽（见图4-89）。

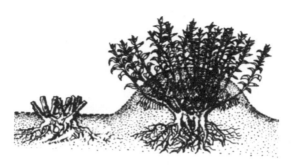

图4-89 堆土压条

3. 高空压条

高空压条又称空中压条法。适用于枝条不易弯曲到地面的较高大的植株，如白兰、米兰、含笑、丁香、山茶、橡皮树等。一般在生长旺季进行，挑选发育充实的 2～3 年生枝条，在其适当部位进行环状剥皮，剥皮宽度花灌木通常 1～2cm，乔木通常 3～5cm，注意刮净皮层、形成层，然后在环剥处包敷湿润的生根基质——苔藓、草炭、泥炭、锯木屑等，外面用塑料薄膜包扎牢固。待枝条生根后自袋的下方剪离母体，去掉包扎物，带土栽入盆中，放置在阴凉处养护，待大量萌发新梢后再见全光。注意在生根过程中要保持基质湿润，生根基质干燥要及时补水，可以用针管进行注水（见图4-90）。

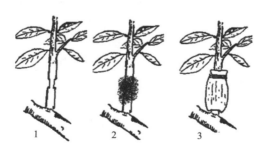

图4-90 高空压条

1—枝条环剥；2—裹基质；3—绑缚

（二）压条时期

压条繁殖是一种不离母株的繁殖方法，所以可进行压条的时期也比较长，在整个生长期中皆可进行。但不同的植物种类，压条进行的时间不同。通常，常绿树种多在梅雨季节初期，落叶树种多在 4 月下旬气温回暖并稳定后进行，可以延续到 7～8 月份。

（三）促进压条生根的条件

1. 机械处理

对需要压条的枝条进行环剥、环割、刻伤、绞缢等。机械处理要适当，最好切断韧皮部而不伤到木质部。

2. 化学药剂处理

用促进生根的化学药剂如生长素类（萘乙酸、吲哚乙酸、吲哚丁酸等）、蔗糖、高锰酸钾、B 族维生素、微量元素等进行处理。采用涂抹法进行。

3. 压条的选择

需要进行压条的枝条通常为 2～3 年生，枝条健壮，芽体饱满，无病虫害。

4. 高空压条的生根基质一定要保持湿润

5. 保证伤口清洁无菌

机械处理使用的器具要清洁消毒，避免细菌感染伤口而腐烂。

二、埋条繁殖

埋条繁殖是将枝条（或地下茎）埋入土中促进生根发芽成苗的繁殖方法，如枝条较长可培育成多株苗木。埋条繁殖的特点有枝条较长，贮藏的营养物质和水分较多，可以较长时间维持枝条的养分和水分平衡，等待生根发芽，且一处生根则全条成活，可以保证较高的成活率。有些树种采用带根埋条，则成活更有保证，但苗木生长不整齐。

埋条繁殖的具体做法：选择生长健壮、充分木质化、无病虫害的一年生苗，或树基部萌发的一年生枝条作埋条。埋条时间多在春季。埋条梢部质量差，埋条时可与基部重叠。种条生根发芽期间要经常保持土壤湿润。苗高 10cm 左右时，在基部培土，以促进新茎生根。苗高 20cm 左右时，即可断根定苗。

　　埋条繁殖常用的方法：①平埋，按行距开沟，将枝条水平埋入土中；②点埋，开浅沟，水平放条，隔一定距离（20～30cm）埋一土堆，在土堆处生根（见图 4-91）；③弓形埋条，把枝条弯曲成弓形，弓背向上埋入土中，一般用于造林。

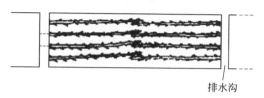

排水沟

图 4-91　埋条繁殖

第五章

育苗新技术

随着社会的发展，园林树木、园林花卉的用量越来越大，传统育苗技术在很大程度上已经不能满足市场对苗木种类、数量的需要。因此，各种新的育苗技术应运而生，如组织培养育苗、无土育苗等。这些新的育苗技术具有繁殖系数高、苗木质优、不带病毒等特点，逐渐成为育苗方法的中生力量并满足社会对苗木的大量需求。

第一节

组织培养育苗

组织培养是 20 世纪发展起来的一门新技术，由于科学技术的进步，尤其是外源激素的应用，使组织培养不仅从理论上为相关学科提出了可靠的实验证据，而且一跃成为一种大规模、批量工厂化生产种苗的新方法，并在生产上越来越得到广泛应用。

一、植物组织培养的基本概念及特点

植物组织培养是指在无菌条件下，将离体的植物器官（根、茎、

叶、花、果实等）、组织（形成层、花药组织、胚乳、皮层等）、细胞（体细胞和生殖细胞）以及原生质体培养在人工配制的培养基上，给予适当的培养条件，使其长成完整植株的过程。

植物组织培养之所以发展如此之快，应用的范围如此之广泛，是由于具备以下几个特点。

1. 培养条件可以人为控制

组织培养采用的植物材料完全是在人为提供的培养基质和小气候环境条件下生长的，摆脱了大自然中季节、昼夜的变化以及灾害性气候的不利影响，且条件均一，对植物生长极为有利，便于稳定地进行全年培养生产。

2. 生长周期短，繁殖率高

植物组织培养是由于人为控制培养条件，根据不同植物不同部位的不同要求而提供不同的培养条件，因此生长较快。另外，植株也比较小，往往 20 ～ 30 天为一个周期。所以，虽然植物组织培养需要一定设备及能源消耗，但由于植物材料能按几何级数繁殖生产，故总体来说成本低廉，且能及时提供规格一致的优质种苗或脱病毒种苗。

3. 管理方便，利于工厂化生产和自动化控制

植物组织培养是在一定的场所和环境下，人为提供一定的温度、光照、湿度、营养、激素等条件，既利于高度集约化和高密度工厂化生产，也利于自动化控制生产。它是未来工厂化育苗的发展方向。它与盆栽、田间栽培等相比省去了中耕除草、浇水施肥、防治病虫害等一系列繁杂劳动，可以大大节省人力、物力及田间种植所需要的土地。

二、组织培养实验室的构建以及主要的仪器设备

（一）组织培养实验室的构成

要在组织培养实验室内部完成所有的带菌和无菌操作，这些基本操作包括：各种玻璃器皿等的洗涤、灭菌；培养基的配制、灭菌；接种等。通常组织培养实验室包括准备室、接种室、培养室以及温室等，细分还必须包括药品室、解剖室、观察室、洗涤室等（见图 5-1）。

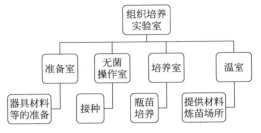

图5-1 组织培养实验室的构成及功能

1. 准备室

主要在准备室完成一些基本操作，比如实验常用器具的洗涤、干燥、存放；培养基的配制和灭菌；常规生理生化分析等，常用的化学试剂、玻璃器皿，常用的仪器设备（冰箱、灭菌锅、各种天平、烘箱、干燥箱等）。还要准备大的水槽等用于器皿等的洗涤，准备蒸馏水制备设备以及显微镜等观察设备等。此外，准备室必须要有足够大的空间、足够大的工作台（见图5-2、图5-3）。

图5-2 组织培养准备室

图5-3 组织培养常用药品

2. 无菌操作室

主要用于进行植物材料的消毒、接种以及培养物的继代培养、转移等。此部分内部要求配备超净工作台、空调等。无菌操作室要根据使用频率进行不定期的消毒，一般采用熏蒸法，即利用甲醛与高锰酸钾反应产生的蒸气进行熏蒸，用量为 $2mL/m^2$，也可以在无菌操作室安装紫外线灯，接种前开半小时左右进行灭菌。应注意的是，工作人员进入操作室时务必要更换工作服，避免带入杂菌，务必保持操作室的清洁（见图5-4）。

图5-4　接种室

3. 培养室

主要用于接种完成材料的无菌培养。培养室的温度、湿度都是人为控制的。温度通过空调来调控，一般培养温度在25℃左右，也和培养材料有关系，光周期可以通过定时器来控制，光照强度控制在2500～6000lx，每天光照时间在14h左右。培养室的相对湿度控制在70%～80%，过干时可以通过加湿器来增加湿度，过湿时则可以通过除湿器来降低湿度。此外，培养室还要放置培养架，每个架子一般由4～5层组成，每层高40cm、宽60cm、长120cm左右（见图5-5）。

图5-5　培养室

4. 温室

在条件允许的情况下，可以配备温室，主要供培养材料前期的培养以及组培苗木的炼苗使用，如图 5-1 所示为组织培养实验室的构成及各自的作用。

（二）组织培养常用的仪器设备

1. 器皿器械类

常用的培养器皿有试管、三角瓶、培养皿、组培瓶等，在选择时根据培养目的和方式以及价格进行有目的地选择。选择试管主要用于培养基配方的筛选和初代培养；三角瓶主要用于培养物的生长，但是相对价格要偏贵；培养皿主要用于滤纸的灭菌及液体培养；目前生产上常用的培养器皿主要以组培瓶为主。

除了培养器皿，常见的仪器设备还有接种用的镊子、剪刀、解剖针、解剖刀和酒精灯等；绑缚用的纱布、棉花；配制培养基用的刻度吸管、滴管、漏斗、洗瓶、烧杯、量筒；还包括牛皮纸、记号笔、电炉（现多为电磁炉）、pH 试纸等。

2. 仪器设备类

超净工作台、灭菌锅、离心机、自动装罐机、冰箱、离心机、接种器灭菌器、专用除湿器、臭氧发生器、超纯水机、磁力搅拌器、天平（感量分别为 0.1g、0.01g、0.001g）、光学显微镜、放大镜、照相机、水浴锅、转床、摇床等（见图 5-6 ～图 5-17）。

图 5-6　单人超净工作台

图 5-7　双人超净工作台

图 5-8　立式高压蒸汽灭菌锅

图 5-9　立式高压蒸汽灭菌箱

图 5-10　离心机

图 5-11　培养基自动装罐机

图 5-12　接种器灭菌器

图 5-13　组培室专用除湿器

图 5-14　臭氧发生机

图 5-15　超纯水机

图 5-16　磁力搅拌器

图 5-17　电子天平

三、培养基的组成及配制

（一）培养基的组成

组织培养是否能够获得成功，主要取决于培养基的选择。不同的培养基具有不同的特点，也就适合于不同的植物种类和接种材料。在开展组织培养项目时，首先要对各种培养基进行了解和分析，以便能从中选择合适的使用。组培用的培养基一般包括基础培养基和激素，但是植物激素的种类和数量随着不同培养阶段和不同材料有变化，因此各培养基配方中均不列入植物激素。常用的基础培养基有 MS 培养基、B5 培养基、N6 培养基。

MS 培养基是目前使用最普遍的培养基。其具有较高的无机盐浓度，能够保证组织生长所需的矿质营养，还能加速愈伤组织的生长。

由于配方中的离子浓度高，因此在配制、贮存和消毒等过程中，即使有些成分略有出入，也不会影响离子间的平衡。MS 固体培养基可用于诱导愈伤组织，也可用于胚、茎段、茎尖及花药的培养，其液体培养基用于细胞悬浮培养时能获得明显的成功。MS 培养基中无机养分的数量和比例比较合适，足以满足植物细胞在营养上和生理上的需要。因此，一般情况下，不用再添加氨基酸、酪蛋白水解物、酵母提取物及椰子汁等有机附加成分。与其他培养基的基本成分相比，MS 培养基中硝酸盐、钾和铵的含量高，这是它的显著特点。MS 培养基的构成要素如下。

1. 水分

水分是作为生命活动的物质基础存在的。培养基的绝大部分物质为水分，实验研究中常用的水为蒸馏水，而最理想的水应该为纯水，即二次蒸馏的水。生产上，为了降低成本，我们可以用高质量的自来水或软水来代替。

2. 无机盐类

植物在培养基中可以吸收的大量元素和微量元素都是来自于培养基中的无机盐。在培养基中，提供这些无机盐的主要有硝酸铵、硝酸钾、硫酸铵、氯化钙、硫酸镁、磷酸二氢钾、磷酸二氢钠等，不同的培养基配方中其含量各不相同。

3. 有机营养成分

有机养分包括糖类物质，主要用于提供碳源和能源，常见的有蔗糖、葡萄糖、麦芽糖、果糖；维生素类物质，主要用于植物组织的生长和分化，常用的维生素有盐酸硫胺素、盐酸吡哆醇、烟酸、生物素等；氨基酸类物质，常见的有甘氨酸、丝氨酸、谷氨酰胺、天冬酰胺等，有助于外植体的生长以及不定芽、不定胚的分化促进。

4. 植物生长调节物质

植物生长调节物质在培养基中的用量很小，但是其作用很大。它不仅可以促进植物组织的脱分化和形成愈伤组织，还可以诱导不定芽、不定胚的形成。最常用的有生长素和细胞分裂素，有时也会用到赤霉素和脱落酸。

5. 天然有机添加物质

香蕉汁、椰子汁、土豆泥等天然有机添加物质，有时会有良好的效果。但是这些物质的重复性差，还有这些物质会因高压灭菌而变性，从而失去效果。

6. pH

培养基的 pH 也是影响植物组织培养成功与否的因素之一。pH的高低应根据所培养的植物种类来确定，pH 过高或过低，培养基会变硬或变软。生产商或实验中，常用氢氧化钠或盐酸调节 pH。

7. 凝固剂

进行固体培养要在培养基中加入凝固剂。常见的凝固剂有琼脂和卡拉胶，用量一般在 7 ～ 10g/L。前者生产中常用，后者透明度高，但价格贵。

8. 其他添加物

有时为了减少外植体的褐变，需要向培养基中加入一些防褐变物质，如活性炭、维生素 C 等。还可以添加一些抗生素物质，以此来抑制杂菌的生长。表 5-1 为常用的 MS 培养基的组成。

表 5-1　常用的 MS 培养基的组成

项目	成分	分子量	使用浓度/（mg/L）
大量元素	硝酸钾　KNO_3	101.11	1900
	硝酸铵　NH_4NO_3	80.04	1650
	磷酸二氢钾　KH_2PO_4	136.09	170
	硫酸镁　$MgSO_4 \cdot 7H_2O$	246.47	370
	氯化钙　$CaCl_2 \cdot 2H_2O$	147.02	440
微量元素	碘化钾　KI	166.01	0.83
	硼酸　H_3BO_3	61.83	6.2
	硫酸锰　$MnSO_4 \cdot 4H_2O$	223.01	22.3
	硫酸锌　$ZnSO_4 \cdot 7H_2O$	287.54	8.6
	钼酸钠　$Na_2MoO_4 \cdot 2H_2O$	241.95	0.25
	硫酸铜　$CuSO_4 \cdot 5H_2O$	249.68	0.025
	氯化钴　$CoCl_2 \cdot 6H_2O$	237.93	0.025

项目	成分	分子量	使用浓度/（mg/L）
铁盐	乙二胺四乙酸二钠　Na$_2$·EDTA	372.25	37.3
	硫酸亚铁　FeSO$_4$·7H$_2$O	278.03	27.8
有机成分	肌醇		100
	甘氨酸		2
	盐酸硫胺素　维生素B$_1$		0.1
	盐酸吡哆醇　维生素B$_6$		0.5
	烟酸　维生素B$_5$或维生素PP		0.5
	蔗糖	342.31	30g/L
	琼脂		7g/L

（二）培养基的配制

1. 母液的配制

配制培养基时，如果每次都分别称量各种无机盐和维生素的话，因为称取的量很小，很容易造成大的误差，而且也很麻烦。为了避免这些情况的发生，减少工作量，减小误差，最简单的方法是预先配制好不同组分的培养基母液。

通常母液的浓度是培养基浓度的 10 倍、100 倍或更高。无机盐类的母液可以在 2～4℃冰箱中保存，维生素等有机营养元素的母液要在冷冻箱内保存，使用前取出来。

母液配制成后，应该把那些钙离子与硫酸根离子、钙离子与磷酸根离子放在不同的母液中，以避免发生沉淀。配制母液的数量可以根据实际情况而定，如 MS 培养基可以配制三液式、四液式或五液式等。一般来讲，有机营养成分、大量元素、微量元素分别配制成一个母液，铁盐、钙盐为单独的母液。表 5-1 是 MS 培养基母液的配制方法，可以在实际生产中借鉴使用。

激素母液的配制：2, 4- 二氯苯氧乙酸（2, 4-D）、萘乙酸（NAA）、6- 苄基嘌呤（6-BA）、吲哚乙酸（IAA）、吲哚丁酸（IBA）等是常用的植物激素，并且分别配成母液（0.1mg/mL）。如配制 0.1mg/mL 的 NAA 和 6-BA，其配制方法是：分别称取 NAA 10mg、6-BA 10mg，将 NAA 用少量（1mL）无水乙醇预溶，将 6-BA 用少量（1mL）的 0.1mol/L 的 NaOH 溶液溶解，溶解过程需要水浴加热，最后分别定容至 100mL，即得 0.1mg/mL 的母液。

2. 培养基的配制

以配置 1L MS 培养基为例，按顺序进行如下操作：①先在烧杯中放入一些蒸馏水。②分别取上面八种母液各 10mL 倒入。③称取 30g 蔗糖倒入，搅拌溶解。④加蒸馏水，用量筒定容至 1L。⑤按设计好的方案添加各种激素，由于激素的用量很小，而且激素对组培植物的生长至关重要，所以有条件的话最好用微量可调移液器吸取，以减少误差。⑥用精密试纸或酸度计调整 pH 至 5.7 ~ 5.8（有条件的话使用酸度计，比较精确）。可配 1mol/L 的 HCl 和 1mol/L 的 NaOH 用来调节溶液 pH 值。1mol/L HCl 配制：用量筒量取 8.3mL HCl 配成 100mL 溶液。1mol/L NaOH 配制：称取 NaOH 4g 配成 100mL 溶液。⑦称取 5g 左右琼脂粉（品质好的琼脂粉），倒入上面配好的溶液中，放在电炉上加热至沸腾，直到琼脂粉熔化。⑧稍微冷却后，分装入培养容器中。无盖的培养容器要用封口膜或牛皮纸封口，用橡皮筋或绳子扎紧。⑨放入消毒灭菌锅灭菌，灭菌 20min 左右。灭菌后从灭菌锅中取出培养基，平放在实验台上待其冷却凝固。

四、灭菌

灭菌是组织培养重要的工作之一。初学者要清楚有菌和无菌的范畴。有菌的范畴是：凡是暴露在空气中的物体，接触自然水源的物体，至少它的表面都是有菌的。依此观点，无菌室等未处理的地方、超净台的表面、简单煮沸的培养基、我们使用的刀和剪在未处理之前、我们身体的整个外表和与外界相连的内表如整个消化道和呼吸道以及无论洗得多干净的培养容器等，都是有菌的。

这里所指的菌，包括细菌、真菌、放线菌、藻类及其他微生物。菌的特点是：极小，肉眼看不见，无处不在，无时不有，无孔不入，在自然条件下忍耐力强，生活条件要求简单，繁殖力极强，条件适宜时便可大量滋生。

无菌的范畴是：经高温灼烧或一定时间蒸煮过后的物体，经其他物理或化学的灭菌方法处理后的物体（当然这些方法必须已经证明是有效的），高层大气、岩石内部、健康的动植物的不与外部接触的组织内部、强酸强碱、化学元素灭菌剂等表面和内部都是无菌的。从以上可以看出，在地球表面无菌世界要比有菌世界小得多。

灭菌是指用物理或化学的方法，杀死物体表面和孔隙内的一切微生物或生物体，即把所有有生命的物质全部杀死。与此相关的一个概念是消毒，它指杀死、消除或充分抑制部分微生物，使之不再发生危害作用，显然经过消毒，许多细菌芽孢、霉菌厚垣孢子等不会完全杀死，即在消毒后的环境里和物品上还有活着的微生物。所以通过严格灭菌的操作空间（接种、超净台等）和使用的器皿，以及操作者的衣着和手都不带任何活着的微生物。在灭菌的条件下进行的操作，就叫做无菌操作。

植物组织培养对无菌条件的要求是非常严格的，甚至超过微生物的培养要求，这是因为培养基含有丰富的营养，稍不小心就引起杂菌污染。要达到彻底灭菌的目的，必须根据不同的对象采取不同的切实有效的方法灭菌，才能保证培养时不受杂菌的影响，使试管苗能正常生长。

常用的灭菌方法可分为物理的和化学的两类。物理方法如干热（烘烧和灼烧）、湿热（常压或高压蒸煮）、射线处理（紫外线、超声波、微波）、过滤、清洗和大量无菌水冲洗等措施。化学方法是使用升汞、甲醛、过氧化氢、高锰酸钾、来苏儿、漂白粉、次氯酸钠、抗生素、酒精等化学药品处理。这些方法和药剂要根据工作中的不同材料、不同目的的适当选用。

培养基在制备后的24h内完成灭菌工序。高压灭菌的原理是：在密闭的蒸锅内，其中的蒸汽不能外溢，压力不断上升，使水的沸点不断提高，从而锅内温度也随之增加。在0.1MPa的压力下，锅内温度达121℃，在此蒸汽温度下，可以很快杀死各种细菌及高度耐热的芽孢。

注意应完全排除锅内空气，使锅内全部是水蒸气，灭菌才能彻底。高压灭菌放气有几种不同的方法，但目的都是要排净空气，使锅内均匀升温，保证灭菌彻底。常用方法是：关闭放气阀，通电后，待压力上升到0.05MPa时，打开放气阀，放出空气，待压力表指针归零后，再关闭放气阀。

关阀再通电后，压力表上升达到 0.1MPa 时，开始计时，维持压力 0.1 ～ 0.15MPa，20min。

按容器大小不同，保压时间有所不同，如果容器体积较大，但是放置的数量很少，也可以减少时间。

五、接种

接种是将已消毒好的根、茎、叶等离体器官经切割或剪裁成小段或小块，放入培养基的过程。接种时由于有一个敞口的过程，所以是极易引起污染的时期，这一时期的污染主要由空气中的细菌和工作人员本身引起，所以接种室要严格进行空间消毒。接种室内保持定期用 1% ～ 3% 的高锰酸钾溶液对设备、墙壁、地板等进行搽洗。除了使用前用紫外线和甲醛灭菌外，还可在使用期间用 70% 的酒精或 3% 的来苏儿喷雾，使空气中灰尘颗粒沉降下来。

1. 无菌操作步骤

① 接种前 4h 用甲醛熏蒸接种室，并打开其内紫外线灯进行杀菌。

② 接种前 20min，打开超净工作台的风机以及台上的紫外线灯。

③ 接种员先洗净双手，在缓冲间换好专用实验服，并换穿拖鞋等。

④ 上工作台后，用酒精棉球擦拭双手，特别是指甲处。然后擦拭工作台台面。

⑤ 先用酒精棉球擦拭接种工具，再将镊子和剪刀从头至尾过火一遍，然后反复过火尖端处，对培养皿要过火烤干。

⑥ 接种时，接种员双手不能离开工作台，不能说话、走动和咳嗽等。

⑦ 接种完毕后要清理干净工作台，可用紫外线灯灭菌 30min。若连续接种，每 5 天要大强度灭菌一次。

2. 无菌接种步骤

① 将初步洗涤及切割的材料放入烧杯，带入超净台上，用消毒剂灭菌，再用无菌水冲洗，最后沥去水分，取出放置在灭菌的纱布上或滤纸上。

② 材料吸干后，一手拿镊子，另一手拿剪刀或解剖刀，对材料进行适当的切割。如叶片切成 0.5cm 见方的小块；茎切成含有一个节的小段；微茎尖要剥成只含 1 ～ 2 片幼叶的大小等。在接种过程中要经常灼烧接种器械，防止交叉污染。

③ 用灼烧消毒过的器械将切割好的外植体插植或放置到培养基上。具体操作过程（以试管为例）是：先解开包口纸，将试管几乎水平拿着，使试管口靠近酒精灯火焰，并将管口在火焰上方转动，使管口里外灼烧数秒。若用棉塞盖口，可先在管口外面灼烧，去掉棉塞，再烧管口里面。然后用镊子夹取一块切好的外植体送入试管内，轻轻插入培养基上。若是叶片直接附在培养基上，以放 1 ～ 3 块为宜。至于材料放置方法，除茎尖、茎段要正放（尖端向上）外，其他尚无统一要求。接种完后，将管口在火焰上再灼烧数秒，并用棉塞塞好，包上包口纸，包口纸里面也要过火。

六、组织培养程序

培养指把培养材料放在培养室（无光、适宜温度、无菌）里，使之生长、分裂和分化形成愈伤组织，光照条件下进一步分化成再生植株的过程。培养方法分为固体培养法和液体培养法。固体培养即用琼脂固化培养基来培养植物材料的方法，是现在最常用的方法。虽然该方法设备简单、易行，但养分分布不均，生长速度不均衡，并常有褐化中毒现象发生。液体培养法即用不加固化剂的液体培养基培养植物材料的方法。由于液体中氧气含量较少，所以通常需要通过搅动或振动培养液的方法以确保氧气的供给。采用往复式摇床或旋转式摇床进行培养，其速度一般为 50 ～ 100r/min，这种定期浸没的方法，既能使培养基均一，又能保证氧气的供给。下面以固体培养为例阐述组织培养程序。

（一）初代培养

初代培养旨在获得无菌材料和无性繁殖系，即接种某些外植体后，最初的几代培养。初代培养时，常用诱导或分化培养基，即培养基中含有较多的细胞分裂素和少量的生长素。初代培养建立的无性繁殖系包括茎梢、芽丛、胚状体和原球茎等。根据初代培养时发育的方向可分为以下几种。

1. 顶芽和腋芽的发育

采用外源的细胞分裂素，可促使具有顶芽或没有腋芽的休眠侧芽启动生长，从而形成一个微型的多枝多芽的小灌木丛状的结构。在几个月内可以将这种丛生苗的一个枝条转接继代，重复芽苗增殖的培养，并且迅速获得多数的嫩茎。然后将一部分嫩茎转移到生根培养基上，就能得到可种植到土壤中去的完整小植株。一些木本植物和少数草本植物也可以通过这种方式来进行再生繁殖，如月季、茶花、菊花、香石竹等。这种繁殖方式也称作微型繁殖，它不经过形成愈伤组织而再生，所以是最能使无性系后代保持原品种的一种繁殖方式。

适宜这种再生繁殖的植物，在采样时，只能采用顶芽、侧芽或带有芽的茎切段，其他如种子萌发后取枝条也可以。

茎尖培养可看作是这方面较为特殊的一种方式。它采用极其幼嫩的顶芽的茎尖分生组织作为外植体进行接种。在实际操作中，采用包括茎尖分生组织在内的一些组织来培养，这样便保证了操作方便以及成活容易。

用培养定芽得到的培养物一般是茎节较长，有直立向上的茎梢，扩繁时主要用切割茎段法，如香石竹、矮牵牛、菊花等。但特殊情况下也会生出不定芽，形成芽丛。

2. 不定芽的发育

在培养中由外植体产生不定芽，通常首先要经脱分化过程，形成愈伤组织的细胞。然后，经再分化，即由这些分生组织形成器官原基，它在构成器官的纵轴上表现出单向的极性（这与胚状体不同）。多数情况下它先形成芽，后形成根。

还有一种方式是从器官中直接产生不定芽，有些植物具有从各个器官上长出不定芽的能力，如矮牵牛、福禄考、悬钩子等。当在试管培养的条件下，培养基中提供了营养，特别是连续不断植物激素的供应，使植物形成不定芽的能力被大大地激发出来。许多种类的外植体表面几乎全部为不定芽所覆盖。在许多常规方法中不能无性繁殖的种类，在试管条件下却能较容易地产生不定芽而再生，如柏科、松科、银杏等一些植物。许多单子叶植物贮藏器官能强烈地发生不定芽，如用百合鳞片的切块就可形成大量不定鳞茎。

在不定芽培养时，也常用诱导或分化培养基。用培养不定芽得到的培养物，一般采用芽丛进行繁殖，如非洲菊、草莓等。

3. 体细胞胚状体的发生与发育

体细胞胚状体类似于合子胚但又有所不同，它也经过球形、心形、鱼雷形和子叶形的胚胎发育时期，最终发育成小苗。但它是由体细胞发生的。胚状体可以从愈伤组织表面产生，也可从外植体表面已分化的细胞中产生，或从悬浮培养的细胞中产生。

4. 初代培养外植体的褐变

外植体褐变是指在接种后，其表面开始褐变，有时甚至会使整个培养基褐变的现象。它的出现是由于植物组织中的多酚氧化酶被激活，而使细胞的代谢发生变化。在褐变过程中，会产生醌类物质，它们多呈棕褐色，当扩散到培养基后，就会抑制其他酶的活性，从而影响所接触外植体的培养。

褐变的主要原因如下。①植物品种：研究表明，在不同品种间的褐变现象是不同的。由于多酚氧化酶活性上的差异，因此，有些花卉品种的外植体在接种后较容易褐变，而有些花卉品种的外植体在接种后不容易褐变。因此，在培养过程中应该有所选择，对不同的品种分别进行处理。②生理状态：由于外植体的生理状态不同，所以在接种后褐变程度也有所不同。一般说来，处于幼龄期的植物材料褐变程度较浅，而从已经成年的植株采收的外植体，由于含醌类物质较多，因此褐变较为严重。一般来说，幼嫩的组织在接种后褐变程度并不明显，而老熟的组织在接种后褐变程度较为严重。③培养基成分：浓度过高的无机盐会使某些观赏植物的褐变程度增加，此外，细胞分裂素水平过高也会刺激某些外植体的多酚氧化酶活性，从而使褐变现象加深。④培养条件不当：如光照过强、温度过高、培养时间过长等，均可使多酚氧化酶的活性提高，从而加重被培养的外植体的褐变程度。

为了提高组织培养的成苗率，必须对外植体的褐变现象加以控制。可以采用以下措施防止、减轻褐变现象的发生。①选择合适的外植体：一般来说，最好选择生长处于旺盛的外植体，这样可以使褐变现象明显减轻。②合适的培养条件：无机盐成分、植物生长物质水平、适宜温度、及时继代培养均可以减轻材料的褐变现象。③使用抗氧化剂：在培养基中，使用半胱氨酸、维生素 C 等抗氧化剂能够较为有效地避免或减轻很多外植体的褐变现象。另外，使用0.1%～0.5% 的活性炭对防止褐变也有较为明显的效果。④连续转移：对容易褐变的材料可间隔 2～24h 的培养后，再转移到新的培养基上，这样经过连续处理 7～10 天后，褐变现象便会得到控制或大为减轻。

（二）继代培养

1. 继代培养的概述

在初代培养的基础上所获得的芽、苗、胚状体和原球茎等，数量都还不够，它们需要进一步增殖，使之越来越多，从而发挥快速繁殖的优势。

继代培养是继初代培养之后的连续数代的扩繁培养过程。旨在繁殖出相当数量的无根苗，最后能达到边繁殖边生根的目的。继代培养的后代是按几何级数增加的。如果以 2 株苗为基础，那么经 10 代将生成 210 株苗。

继代培养中扩繁的方法包括切割茎段、分离芽丛、分离胚状体、分离原球茎等。切割茎段常用于有伸长的茎梢、茎节较明显的培养物。这种方法简便易行，能保持母种特性。培养基常是 MS 基本培养基；分离芽丛适于由愈伤组织生出的芽丛。培养基常是分化培养基。若芽丛的芽较小，可先切成芽丛小块，放入 MS 培养基中，待到稍大时，再分离开来继续培养。

增殖使用的培养基对于一种植物来说每次几乎完全相同，因为培养物在接近最良好的环境条件、营养供应和激素调控下，排除了其他生物的竞争，所以能够按几何级数增殖。

在快速繁殖中初代培养只是一个必经的过程，而继代培养则是经常性不停顿的过程。但在达到相当数量之后，则应考虑使其中一部分转入生根阶段。从某种意义上讲，增殖只是贮备母株，而生根才是增殖材料的分流，生产出成品。

2. 继代培养时材料的玻璃化

实践表明，当植物材料不断地进行离体繁殖时，有些培养物的嫩茎、叶片往往会呈半透明水迹状，这种现象通常称为玻璃化。它的出现会使试管苗生长缓慢、繁殖系数有所下降。玻璃化为试管苗的生理失调症。

因为出现玻璃化的嫩茎不宜诱导生根，因此，使繁殖系数大为降低。在不同的种类、品种间，试管苗的玻璃化程度也有所差异。当培养基上细胞分裂素水平较高时，也容易出现玻璃化现象。在培养基中添加少量聚乙烯醇、脱落酸等物质，能够在一定程度上减轻玻璃化的现象发生。

呈现玻璃化的试管苗，其茎、叶表面无蜡质，体内的极性化合物水平较高，细胞持水力差，植株蒸腾作用强，无法进行正常移栽。这种情况主要是培养容器中空气湿度过高、透气性较差造成的。其具体解决的方法为：①增加培养基中的溶质水平，以降低培养基的水势；②减少培养基中含氮化合物的用量；③增加光照；④增加容器通风，最好进行 CO_2 施肥，这对减轻试管苗玻璃化的现象有明显的作用；⑤降低培养温度，进行变温培养，有助于减轻试管苗玻璃化现象发生；⑥降低培养基中细胞分裂素含量，可以考虑加入适量脱落酸。

（三）生根培养

当材料增殖到一定数量后，就要使部分培养物分流到生根培养阶段。若不能及时将培养物转到生根培养基上去，就会使久不转移的苗子发黄老化，或因过分拥挤而使无效苗增多造成浪费。根培养是使无根苗生根的过程，这个过程的目的是使生出的不定根浓密而粗壮。生根培养可采用 1/2 或者 1/4 MS 培养基，全部去掉细胞分裂素，并加入适量的生长素（NAA、IBA 等）。

诱导生根可以采用下列方法：将新梢基部浸入 50 倍或 100 倍 10^{-6} IBA 溶液中处理 4～8h；在含有生长素的培养基中培养 4～6 天；直接移入含有生长素的生根培养基中。

上述三种方法均能诱导新梢生根，但前两种方法对新生根的生长发育则更为有利，而第三种对幼根的生长有抑制作用。其原因是当根原始体形成后，较高浓度生长素的继续存在不利于幼根的生长发育。

不过这种方法比较可行。

另外，也可采用下列方法生根：延长在增殖培养基中的培养时间；有意降低增殖倍率，减少细胞分裂素的用量（即将增殖与生根合并为一步）；切割粗壮的嫩枝在营养钵中直接生根，此方法没有生根阶段，可以省去一次培养基制作，切割下的插穗可用生长素溶液浸蘸处理，但这种方法只适于一些容易生根的作物。

另外，少数植物生根比较困难时，可在培养基中放置滤纸桥，使其略高于液面，靠滤纸的吸水性供应水和营养，从而诱发生根。

从胚状体发育成的小苗，常常有原先已分化的根，这种根可以不经诱导生根阶段而生长。但因经胚状体发育的苗数特别多，并且个体较小，所以常需要一个低浓度或没有植物激素的培养基培养的阶段，以便壮苗生根。

试管内生根壮苗的阶段是为了成功地将试管苗移植到试管外的环境中，以使试管苗适应外界的环境条件。通常不同植物的适宜驯化温度不同，如菊花，以 18～20℃为宜。实践证明植物生长的温度过高不但会牵涉到蒸腾加强，而且还会牵涉到菌类易滋生的问题。温度过低使幼苗生长迟缓或不易成活。春季低温时苗床可加设电热线，使基质温度略高于气温 2～3℃，这不但有利于生根和促进根系发达，而且有利于提前成活。

移植到试管外的植物苗光强度应比移植前培养有所提高，并可适应强度较高的漫射光（4000lx 左右），以维持光合作用所需光照强度。但光线过强会刺激蒸腾加强，使水分失衡的问题更突出。

（四）驯化移栽

试管苗移栽是组织培养过程中的重要环节，这个环节做不好，就会造成前功尽弃。为了做好试管苗的移栽，应该选择合适的基质，并配合相应的管理措施，才能确保整个组织培养工作顺利完成。

试管苗由于是在无菌、有营养供给、适宜光照和温度、近100%的相对湿度环境条件下生长的，因此，在生理、形态等方面都与自然条件生长的小苗有着很大的差异。所以必须通过炼苗，例如通过控水、减肥、增光、降温等措施，使它们逐渐适应外界环境，从而在生理、形态、组织上发生相应的变化，使之更适合于自然环境，只有这样才能保证试管苗顺利移栽成功。

从叶片上看，试管苗的角质层不发达，叶片通常没有表皮毛或仅有较少表皮毛，甚至出现了大量的水孔，而且，气孔的数量、大小也往往超过普通苗。由此可知，试管苗更适合于高湿的环境生长，当将它们移栽到试管外环境时，试管苗失水率会很高，非常容易死亡。因此，为了改善试管苗的上述不良生理、形态特点，必须经过与外界相适应的驯化处理，通常采取的措施有：对外界要增加湿度、减弱光照；对试管内要通透气体、增施二氧化碳肥料、逐步降低空气湿度等。

另外，对栽培驯化基质要进行灭菌是因为试管苗在无菌的环境中生长，对外界细菌、真菌的抵御能力极差。为了提高其成活率，在培养基质中可掺入 75% 的百菌清可湿性粉剂 200 ~ 500 倍液，以进行灭菌处理。

1. 移栽用基质和容器

适合于栽种试管苗的基质要具备透气性、保湿性和一定的肥力，容易灭菌处理，并不利于杂菌滋生。一般可选用珍珠岩、蛭石、沙子等。为了增加黏着力和一定的肥力，可配合草炭土或腐殖土。配时需按比例搭配，一般用珍珠岩、蛭石、草炭土或腐殖土比例为 1 : 1 : 0.5，也可用沙子：草炭土或腐殖土为 1 : 1。这些介质在使用前应高压灭菌，或用烘烤来消灭其中的微生物。要根据不同植物的栽培习性来进行配制，这样才能获得满意的栽培效果。以下介绍几种常见的试管苗栽培基质。

（1）河沙　河沙分为粗沙、细沙两种类型。粗沙即平常所说的河沙，其颗粒直径为 1 ~ 2mm。细沙即通常所说的面沙，其颗粒直径为 0.1 ~ 0.2mm。河沙的特点是排水性强，但保水蓄肥能力较差，一般不单独用来直接栽种试管苗。

（2）草炭土　草炭土是由沉积在沼泽中的植物残骸经过长时间的腐烂所形成的，其保水性好，蓄肥能力强，呈中性或微酸性，但通常不能单独用来栽种试管苗，宜与河沙等种类相互混合配成盆土而加以使用。

（3）腐殖土　腐殖土是由植物落叶经腐烂所形成的。一种是自然形成，另一种是人为造成。人工制造时可将秋季的落叶收集起来，然后埋入坑中，灌水保湿的条件下使其风化，然后过筛即可获得。腐叶上含有大量的矿质营养、有机物质，它通常不能单独使用。掺有腐殖土的栽培基质有助于植株发根。

（4）容器　栽培容器可用（6×6）cm～（10×10）cm的软塑料钵，也可用育苗盘。前者占地大，耗用大量基质，但幼苗不用移栽，后者需要二次移苗，但省空间、省基质。

2. 移栽前的准备

移栽前可将培养物不开口移到自然光照下锻炼2～3天，让试管苗接受强光的照射，使其长得壮实起来，然后再开口炼苗1～2天，经受较低湿度的处理，以适应将来自然湿度的条件。

3. 移栽和幼苗的管理

从试管中取出发根的小苗，用自来水洗掉根部黏附的培养基，要全部除去，以防残留培养基滋生杂菌。但要轻轻除去，避免造成伤根。移植时用一个筷子粗的竹签在基质中插一小孔，然后将小苗插入，注意幼苗较嫩，要防止弄伤，栽后把苗周围基质压实。栽前基质要浇透水，栽后轻浇薄水。再将苗移入高湿度的环境中，保证空气相对湿度达90%以上。

（1）保持小苗的水分供需平衡　在移栽后5～7天内，应给予较高的空气湿度条件，使叶面的水分蒸发减少，尽量接近培养瓶的条件，让小苗始终保持挺拔的状态。保持小苗水分供需平衡。首先营养钵的培养基质要浇透水，所放置的床面也要浇湿，然后搭设小拱棚，以减少水分的蒸发，并且初期要常喷雾处理，保持拱棚薄膜上有水珠。5～7天后，发现小苗有生长趋势，可逐渐降低湿度，减少喷水次数，将拱棚两端打开通风，使小苗适应湿度较小的条件。约15天以后揭去拱棚的薄膜，并给予水分控制，逐渐减少浇水，促进小苗长得粗壮。

（2）防止菌类滋生　由于试管苗原来的环境是无菌的，移出来以后难以保持完全无菌，因此，应尽量不使菌类大量滋生，以利成活。所以应对基质进行高压灭菌或烘烤灭菌。可以适当使用一定浓度的杀菌剂以便有效地保护幼苗，如多菌灵、托布津，浓度800～1000倍，喷药宜7～10天一次。在移苗时尽量少伤苗，伤口过多，根损伤过多，都是造成死苗的原因。喷水时可加入 0.1% 的尿素，或用 1/2 MS 大量元素的水溶液作追肥，可加快苗的生长与成活。

（3）一定的温、光条件　试管苗移栽以后要保持一定的温、光条件，适宜的生根温度是 18 ～ 20℃，冬春季地温较低时，可用电热线来加温。温度过低会使幼苗生长迟缓或不易成活。温度过高会使水分蒸发，从而使水分平衡受到破坏，并会促使菌类滋生。

另外，在光照管理的初期可用较弱的光照，如在小拱棚上加盖遮阳网或报纸等，以防阳光灼伤小苗和增加水分的蒸发。当小植株有了新的生长时，逐渐加强光照，后期可直接利用自然光照。促进光合产物的积累，增强抗性，促其成活。

（4）保持基质适当的通气性　要选择适当的颗粒状基质，保证良好的通气。在管理过程中不要浇水过多，过多的水应迅速沥除，以利根系呼吸。

综上所述，试管苗在移栽的过程中，只要把水分平衡、适宜的介质、控制杂菌和适宜的光、温条件做好，试管苗是很容易移栽的。组培苗的培养过程见图 5-18 ～图 5-23。

图 5-18　接入外植体

图 5-19　诱导出芽苗

七、组织培养的应用领域

植物组织培养的研究领域的形成，既丰富了生物学科的基础理论，又在实际生产中表现出了巨大的经济价值，显示了植物组织培养的无穷魅力。

继代培养，芽苗的数量已经很多了。

图 5-20　继代培养

图 5-21　生根培养

图 5-22　组培瓶苗的驯化

图 5-23　试管苗的驯化

1. 植物离体快速繁殖

该技术是植物组织培养在生产上应用最广泛、产生经济效益最大的一项技术。利用离体快繁技术进行苗木繁殖，繁殖系数大，速度快，可以全年不间断生产，利用该技术可以实现一个单株苗木一年繁殖到百万株。尤其对于不能用种子繁殖的一些名优植物，传统繁殖方法的繁殖系数低；对于那些脱毒苗、新引进、稀缺品种、优良单株等，都可以通过离体繁殖方法进行，比常规方法快数万倍。比如一株葡萄，一年可以繁殖三万多株；一个草莓的顶芽，一年可以繁殖108个芽。

目前多种的花卉、蔬菜、果树及林木主要以观赏植物为主。国内进入工厂化生产的有香蕉、桉树、葡萄、苹果、草莓、非洲菊等。图5-24所示为组织培养室。

图5-24　组织培养室

2. 脱毒苗培育

无性繁殖植物都会产生退化现象，这是因为病毒在植物体内积累，影响其生长和产量，对生产造成极大的损失。病毒在植物体内并不是全部存在的，比如植物生长点附近的病毒浓度很低或是没有，因此我们可以利用植物的这一特点进行无病毒苗木培育。使用组织培养的方法，取一定大小的茎尖进行组织培养，利用了无性繁殖方法的特点，再生的完整植株就可以脱病毒，获得脱毒苗。使用脱毒苗种植的作物不会或极少发生病毒危害，而且苗木长势好且一致。

3. 植物种质资源的离体保存

20世纪60年代开始，人们利用细胞和组织培养再生植株的技术，进行了离体保存种质的研究。种质资源的离体保存是指对离体培养的小植株、器官、组织、细胞或原生质体等材料，采用限制、延缓或使其停止生长的处理使之保存下来，在需要时可以根据自身特性让它恢复生长并再生植株的方法。可以采用冷冻保存或超低温保存等。

4. 新品种的培育或新物种的创制

应用组织培养的理论和技术，可以加速育种进程。通过原生质体的融合，可以克服有性杂交不亲和性，从而获得体细胞杂种，创制出新物种，这是组织培养应用中很诱人的一面。也可以在选育过程中，通过辐射选择突变体，再利用突变体进行繁殖以获得新物种。

5. 人工种子

人工种子（artificial geed）是以人工手段将植物离体细胞产生的胚状体或其他组织、器官等包裹在一层高分子物质组成的胶囊中

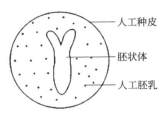

图 5-25　人工种子

所形成的种子，也称合成种子、无性种子或人造种子。人工种子具有与自然种子类似的结构，也可直接播种于大田，不同的是，它不是由胚珠发育而成的，也不具有自然种子的胚乳和种皮。一般是由体细胞诱导形成的胚状体外加人工合成的胶囊状的包被构成的（见图 5-25）。

　　人工种子的胶囊状包被使其具有自然种子的胚乳贮藏、发育所需的营养和种皮的保护功能。另外，有目的地在其中加入植物生长调节剂、有用微生物和抗病虫药剂，可控制植物的生长发育，增强植物体的生机和活力，提高抗旱、抗寒、抗病虫能力；还可利用转基因的方式，使其具备某些性状，这是自然种子不可能达到的。人工种子的胚状体是由无性繁殖产生的，因而能保持品种优良特性，可以固定杂种优势；人工种子的生产不受自然环境影响，可以工厂化大批量周年生产；人工种子增殖快、生产周期短，提高了育种效率，缩短了育种年限，加速良种的繁育过程；种子外形均匀一致，播种时下种均匀，出苗整齐；人工种子制作成本低，贮存、运输都很方便。可以预测，将来传统种子生产方式将会发生重大变革。

　　人工种子的制作有两个关键技术：一是胚状体的诱导与形成；二是人工种皮的制作与装配。高质量的体细胞胚形态上类似于天然的合子胚，萌发出的幼苗既有根又有叶；产生的健壮植株在表型上形似亲本；人工种子应耐干燥并能长期保存；配制的人工种皮对胚无损伤，具有一定硬度，能保持分生组织生存所必需的水分及早期发育所需要的养分；不影响胚突破种皮和胚的生长。目前使用的主要材料是水凝胶类物质，最理想的是藻阮酸钙。

　　人工种子已成为许多国家研究和开发的热点。目前能成功地大量产生胚状体的植物有 90 多个属 100 多个种。我国从 1987 年开始"人工种子"的研制工作，通过多年的研究和探索，已获得胡萝卜、苜

蓿、芹菜、黄连、西洋参、云杉、水稻等植物的人工种子。当前在人工种子的研究中还需要进一步探索获取体细胞胚的途径，寻求理想的包装材料，防止或减少微生物的污染和提高发芽率及成苗率。

目前为止已诱导成功许多花卉的不定胚，但形成人工种子的种类还很有限，主要是工艺、技术和成本方面的问题尚未解决。

6. 次生物质代谢

利用组织或细胞的大规模培养，可以生产人类需要的一些天然有机化合物，如蛋白质、脂肪、糖类、生物碱等。

第二节
无土栽培育苗

无土栽培是指不用天然土壤而用基质或仅育苗时用基质，在定植以后不用基质而用营养液进行灌溉的栽培方法。固体基质或营养液代替天然土壤向作物提供良好的水、肥、气、热等根际环境条件，使作物完成从苗期开始的整个生命周期。无土栽培包括水培和基质栽培两大类。

无土栽培的主要优点是：能避免经土壤传播的病虫害及连作障碍。肥料利用效率高，节约用水且可以在海岛、石山、南极、北极以及一切不适宜于一般农业生产的地方进行作物生产，同时可以减轻劳动强度，使妇女和老年人也能从事这种生产活动。无土栽培能加速植物生长，提高产量和品质。

无土栽培的缺点是：一次性设备投资大，用电多，肥料用量高，营养液的配制、调整与管理都要求有一定专门知识的人才能做好。目前中国无土栽培主要以基质栽培为主，水培主要是一些花卉的简易水培。

一、水培方法

水培是指植物根系直接生长在营养液层中的无土栽培方法。水培方式有以下几种。

（一）营养液膜技术

仅有一薄层营养液流经栽培容器的底部，不断供给花卉所需营养、水分和氧气。但因营养液层薄，栽培管理难度大，尤其在遇短期停电时，作物会面临水分胁迫，甚至有枯死的危险。根据栽培需要，又可分为连续式供液和间歇式供液两种类型。间歇供液可以节约能源，也可以控制植株的生长发育，它的特点是在连续供液系统的基础上加一个定时装置。间歇供液的程序是在槽底垫有无纺布的条件下，夏季每小时内供液 15min、停 45min，冬季每 2h 内供液 15min、停 105min。这些参数要结合植物具体长势及天气情况而调整。

营养液膜技术设施主要由种植槽、贮液池、营养液循环流动装置三部分组成（图 5-26）。

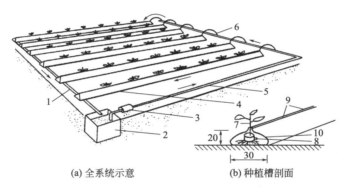

(a) 全系统示意　　　　(b) 种植槽剖面

图 5-26　营养液膜技术设施组成示意

1—回流管；2—贮液池；3—泵；4—种植槽；5—供液主管；

6—供液分管；7—苗；8—育苗钵；9—木夹子；10—聚乙烯薄膜

种植槽中的营养液层不宜超过 5cm。液层过深易造成营养液供氧不足；液层过浅不能满足作物对水、肥吸收的需要，特别是当流量较小、间歇供液时间较长和种植槽长度较长时，水肥供应不足的问题会更加严重。

循环流动系统包括水泵、供液管道和回流管道。

营养液膜技术场用于蔬菜种植，如芹菜（图 5-27）、番茄（图 5-28）。

图 5-27　营养液膜技术培育芹菜

图 5-28　营养液膜技术培育番茄

（二）深液流栽培

深液流栽培的特点是将栽培容器中的水位提高，使营养液由薄薄的一层变为 5 ～ 8cm 深，因容器中的营养液量大，温度、营养液浓度变化不大，即使是短时间停电，也不必担心作物枯萎死亡，根茎悬挂于营养液的水平面上，营养液循环流动。通过营养液的流动可以增加溶存氧，消除根表有害代谢产物的局部累积，消除根表与根外营养液的养分浓度差，使养分及时送到根表，并能促进因沉淀而失效的营养液重新溶解，防止缺素症发生。目前的水培方式已多向这一方向发展。

目前中国常用改进型神园式装置，此装置用水泥和砖作为主体建筑材料，具有建造方便、设施耐用、管理简单等特点。目前在我国大面积推广使用。该装置包括种植槽、定植板或定植网框、贮液池、营养液循环流动系统四部分。

（1）种植槽　建槽时首先将地整平、打实基础，槽底用5cm厚的水泥混凝土筑成，在混凝土的上面及四周用水泥砂浆砖砌成槽框，再用高标号的耐酸抗腐蚀的水泥封面，以防止营养液的渗漏。新建的槽需用稀硫酸浸洗，除去碱性后才能使用。一般种植槽宽度为80～100cm，连同槽壁外沿不超过150cm，深度为15～20cm，长度为10～20cm。

（2）定植板　一般用密度较高、板体较坚硬的白色聚苯乙烯板制成。板厚为2～3cm，在板面上钻出若干个定植孔，孔径为5～6cm。每个定植孔中放置一个塑料制成的定植杯，高7.5～8.0mm，杯口直径与定植孔相同，杯口外沿有一5cm宽的边，以卡在定植孔上，杯的下部及底面开有许多孔，孔径约3mm。定植板的宽度与种植槽的外沿宽度一致，使定植板的两边能架在种植槽上。为防止槽的宽度过大而使定植板弯曲变形或折断，在100cm宽的种植槽中央用水泥和砖砌一个支撑墩，支撑墩上放一条塑料供液管道。定植板上打孔放置定植杯（见图5-29～图5-31）。

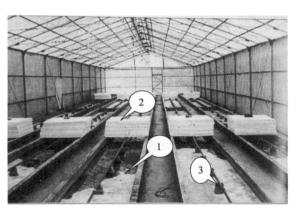

图5-29　深液流栽培设施

1—种植槽；2—定植板；3—输液管

（3）定植网框　由木板或硬质塑料板或角铁做成边框，金属丝或塑料丝织成网做底，框内装固体基质，然后把幼苗定植在基质中。定植初期应向固体基质中浇营养液和水，待根系伸到槽里营养液中能吸收到营养液维持生长时停止浇营养液和水。

图 5-30　定植杯 1

根据植物大小不同选择合适的定植杯，

放在定植板上挖好的定植孔中

图 5-31　定植杯 2

将定植杯套在塑料花盆中，

可以做简易水培

生菜、油菜和芹菜等叶菜类都比较适合水培（见图 5-32、图 5-33）。

图 5-32　生菜深液流栽培情况

（三）动态浮根法

动态浮根系统是我国台湾省开发应用的一种深水栽培技术，即在栽培床内进行营养液灌溉时，作物的根系随着营养液的液位变化而

图5-33　生菜深液流栽培根系生长情况

上下左右浮动。灌满8cm的水层后，由栽培床内的自动排液器将营养液排放出去，使栽培床内的水位降至4cm的深度。此时上部根系暴露在空气中可以吸收氧气，下部根系浸在营养液中不断吸收水分和养料，在夏季高温季节，不容易出现因高温使营养液的温度上升而使氧气的溶解度降低的状况，可以满足植物的需要（见图5-34、图5-35）。

图5-34　动态浮根法栽培仙人掌

图5-35　动态浮根法栽培百合

二、营养液的配制与管理

（一）营养液配置的原则

① 营养液应含有花卉所需要的常量元素氮、钾、磷、镁、硫、钙等和微量元素铁、锰、硼、锌、铜、钼等。在适宜的原则下元素齐

全，配方组合选用无机肥料且用量宜低不宜高。

②肥料在水中有良好溶解性，并易被植物吸收利用。

③水源清洁，不含杂质。

（二）营养液对水质的要求

1. 水源

自来水、井水、河水和雨水是配制营养液的主要水源。自来水和井水使用前应对水质进行化验，一般要求水质和饮用水相当。收集雨水要考虑当地空气污染程度，污染严重时不可使用。一般，降雨量达到 100mm 以上方可作为水源。河水用作水源时，需经处理，达到符合卫生标准的饮用水才可使用。

2. 水质

水质有软水和硬水之分，硬水指水中钙、镁的总离子浓度较高，达到了一定标准。该标准统一以每升水中氧化钙（CaO）的含量表示，1度＝10mg/L。硬度划分：0～4度为极软水，4～8度为软水，8～16度为中硬水，16～30度为硬水，30度以上为极硬水。用作营养液的水，硬度不能太高，一般以不超过10度为宜。

3. 其他

pH 6.5～8.5，氯化钠（NaCl）含量小于 2mmol/L，溶氧在使用前应接近饱和。在制备营养液的许多盐类中，以硝酸钙最易和其他化合物起化合作用，如硝酸钙和硫酸盐混合时易产生硫酸钙沉淀，硝酸钙与磷酸盐混合易产生磷酸钙沉淀。

（三）常用的无机肥料

（1）硝酸钙 [$Ca(NO_3)_2 \cdot 4H_2O$] 白色结晶，易溶于水，吸湿性强，一般含氮 13%～15%，含钙 25%～27%，属碱性肥。是配制营养液良好的氮源和钙源肥料。

（2）硝酸钾（KNO_3） 白色结晶，易溶于水但不易吸湿，一般含硝态氮 13%，含氧化钾 46%。是优良的氮钾肥，但在高温遇火情况下易引起爆炸。

（3）硝酸铵（NH_4NO_3） 白色结晶，含氮 34%～35%，吸湿性强，

易潮解，溶解度大，应注意密闭保存。具助燃性与爆炸性。因含铵态氮比重大，故不作为配制营养液的主要氮源。

（4）硫酸铵 $[(NH_4)_2SO_4]$ 为标准氮素化肥，含氮20%～21%，白色结晶，吸湿性小。因是铵态氮肥，用量不宜大，可作补充氮肥施用。

（5）磷酸二氢铵（$NH_4H_2PO_4$） 白色晶体，可用无水氨和磷酸作用而成，在空气中稳定，易溶于水。

（6）尿素 $[CO(NH_2)_2]$ 为酰胺态有机化肥。白色结晶，含氮46%，吸湿性不大，易溶于水。是一种高效氮肥，作为氮源补充有良好的效果，还是根外追肥的优质肥源。

（7）过磷酸钙 $[Ca(H_2PO_4)_2 \cdot H_2O + CaSO_4 \cdot 2H_2O]$ 为使用较广的水溶性磷肥。一般含磷7%～10.5%，含钙19%～22%，含硫10%～12%，为灰白色粉末，具吸湿性，吸湿后有效磷成分降低。

（8）磷酸二氢钾（KH_2PO_4） 白色结晶呈粉状，含五氧化二磷22.8%，氧化钾28.6%，吸湿性小，易溶于水，显微酸性。其有效成分的植物吸收利用率高，为无土栽培的优质磷钾肥。

（9）硫酸钾（K_2SO_4） 白色粉状，含氧化钾50%～52%，易溶于水，吸湿性小，属生理酸性肥。是无土栽培的良好钾源。

（10）氯化钾（KCl） 白色粉末状，含有效钾50%～60%，含氯47%，易溶于水，属生理酸性肥。为无土栽培的钾源之一。

（11）硫酸镁（$MgSO_4 \cdot 7H_2O$） 白色针状结晶，易溶于水，含镁9.86%，硫13.01%。为良好镁源。

（12）硫酸亚铁（$FeSO_4 \cdot 7H_2O$） 又称黑矾，一般含铁19%～20%，含硫11.53%，为蓝绿色结晶，性质不稳，易变色。为良好的无土栽培铁素肥。

（13）硫酸锰（$MnSO_4 \cdot 4H_2O$） 粉红色结晶体，一般含锰23.5%。为无土栽培的锰源。

（14）硫酸锌（$ZnSO_4 \cdot 7H_2O$） 无色或白色结晶，粉末状，含锌23%。为重要锌源。

（15）硼酸（H_3BO_3） 白色结晶，含硼17.5%，易溶于水。为重要硼源，在酸性条件下可提高硼的有效性。营养液有效成分如果低于0.5mg/L，会发生缺硼症。

花卉育苗技术手册

（16）磷酸（H_3PO_4）　在无土栽培中可以作为磷的来源，而且可以调节 pH。

（17）硫酸铜（$CuSO_4 \cdot 5H_2O$）　蓝色结晶体，含铜 24.45%，硫 12.48%，易溶于水。为良好铜肥。营养液中含量低，浓度为 0.005～0.012mg/L。

（18）钼酸铵〔$(NH_4)_6Mo_7O_{24} \cdot 4H_2O$〕　白色或淡黄色结晶体，含钼 54.23%，易溶于水。为无土栽培中的钼源，需要量极微。

（四）营养液的配制

营养液内各种元素的种类、浓度因不同植物、不同生长期、不同季节以及气候和环境条件而异。营养液配制的总原则是避免难溶性沉淀物质的产生。但任何一种营养液配方都必然潜伏着产生难溶性沉淀物质的可能性，配制时应运用难溶性电解质溶度积法则来配制，以免产生沉淀。生产上配制营养液一般分为浓缩贮备液（母液）和工作营养液（直接应用的栽培营养液）两种。一般将营养液的浓缩贮备液分成 A、B、C 三种母液，A 母液以钙盐为中心，凡不与钙作用而产生沉淀的盐都可溶在一起，B 母液以磷酸盐为中心，凡不与磷酸根形成沉淀的盐都可溶在一起，C 母液是铁盐和微量元素。A、B 母液一般浓缩 200 倍，C 母液浓缩 1000 倍。生产中常用的营养液配方有霍格兰（Hoagland）和阿农（Arnon）营养液配方（表 5-2）及日本园式营养液配方（表 5-3）。

表 5-2　霍格兰和阿农营养液配方

A母液（浓缩200倍）		B母液（浓缩200倍）		C母液（浓缩1000倍）	
化合物	含量/（g/L）	化合物	含量/（g/L）	化合物	含量/（g/L）
				（$Na_2Fe\text{-}EDTA$）	20.00
				H_3BO_3	2.86
				$MnSO_4 \cdot 4H_2O$	2.13
$Ca(NO_3)_2 4H_2O$	189.00	$NH_4H_2PO_4$	23.00	$ZnSO_4 \cdot 7H_2O$	0.22
KNO_3	161	$MgSO_4 \cdot 7H_2O$	98.60	$CuSO_4 \cdot 5H_2O$	0.08
				（$NH_4)_6Mo_7O_{24} \cdot 4H_2O$	0.02

表 5–3　日本园式营养液配方

A母液（浓缩200倍）		B母液（浓缩200倍）		C母液（浓缩1000倍）	
化合物	含量/ （g/L）	化合物	含量/ （g/L）	化合物	含量/ （g/L）
				（Na_2Fe-EDTA）	20.00
				H_3BO_3	2.86
$Ca（NO_3）_2 4H_2O$	189.00	$NH_4H_2PO_4$	30.60	$MnSO_4 \cdot 4H_2O$	2.13
KNO_3	121.40	$MgSO_4 \cdot 7H_2O$	98.60	$ZnSO_4 \cdot 7H_2O$	0.22
				$CuSO_4 \cdot 5H_2O$	0.08
				$（NH_4）_6Mo_7O_{24} \cdot 4H_2O$	0.02

（五）营养液 pH 的调整

当营养液的 pH 偏高或是偏低、与栽培花卉要求不相符时，应进行调整校正。pH 偏高时加酸，pH 偏低时加氢氧化钠。多数情况为 pH 偏高，加入的酸类为硫酸、磷酸、硝酸等，加酸时应徐徐加入并及时检查，使溶液的 pH 达到要求。

在大面积生产时，除了 A、B 两个浓缩贮液罐外，为了调整营养液 pH 范围，还要有一个专门盛酸的溶液罐，酸液罐一般是稀释到 10% 的浓度，在自动循环营养液栽培中，与营养液的 A、B 罐均用 pH 仪和 EC 仪自动控制。当栽培槽中的营养液浓度下降到标准浓度以下时，浓液罐会自动将营养液注入营养液槽。此外，当营养液 pH 超过标准时，酸液罐也会自动向营养液槽中注入酸，在非循环系统中，也需要这三个罐，从中取出一定数量的母液，按比例进行稀释后灌溉植物。

三、基质栽培

基质栽培是指作物根系生长在各种天然或人工合成的固体基质环境中，通过固体基质固定根系，并向作物供应营养和氧气的方法。

栽培基质有两大类，即无机基质和有机基质。无机基质如沙、蛭石、岩棉、珍珠岩、泡沫塑料颗粒、陶粒等；有机基质如泥炭、树皮、砻糠灰、锯末、木屑等。目前世界上 90% 的无土栽培均为基质栽培。由于基质栽培的设施简单，成本较低，且栽培技术与传统的土壤栽培技术相似，易于掌握，故我国大多采用此法。

（一）常见基质栽培方法

番茄、黄瓜、网纹瓜等蔬果及竹芋、大花蕙兰等花卉常用基质栽培（见图 5-36 ～图 5-43）。

图 5-36　基质盆栽番茄

图 5-37　基质袋培黄瓜

图 5-38　草炭栽培黄瓜

图 5-39　基质栽培网纹瓜

图 5-40　进口基质栽培竹芋

图 5-41　苔藓草栽培大花蕙兰

图 5-42 陶粒栽培木本花卉　　　　图 5-43 水晶泥栽培网文芋

（二）基质选用的标准

（1）安全卫生　无土栽培基质可以是有机的也可以是无机的，但总的要求必须对周围环境没有污染。有些化学物质不断散发出难闻的气味，或是释放一些对人体、对植物有害的物质，这些物质绝对不能作为无土基质。土壤的一个缺点就是尘土污染，选用的基质必须克服这一缺点。

（2）轻便美观　无土栽培是一种高雅的技术和艺术。无土花卉必须适应楼堂馆所装饰的需要。因此，必须选择重量轻、结构好、搬运方便且外形与花卉造型、摆设环境相协调的材料，以克服土壤黏重、搬运困难等困难。

（3）要有良好的物理性状，结构和通气性要好　这是从基质要支撑适当大小的植物躯体和保持良好的根系环境来考虑的。只有基质有足够的强度才不至于使植物东倒西歪；只有基质有适当的结构才能使其具有适当的水、气、养分的比例，使根系处于最佳的环境状态，最终使枝叶繁茂、花姿优美。

（4）有较强的吸水和保水能力。

（5）价格低廉，调制和配制简单。

（6）无杂质，无病、虫、菌，无异味和臭味。

（7）有良好的化学性状。

（8）具有较好的缓冲能力和适宜的 EC 值。

（三）常用的无土栽培基质

1. 沙

为无土栽培最早应用的基质。其特点是来源丰富、价格低，但容重大、持水差。沙粒大小应适当，以粒径 0.6～2.0mm 为好。使用前应过筛洗净，并测定其化学成分，供施肥参考。

2. 石砾

河边石子或石矿厂的岩石碎屑，因来源不同所以化学组成差异很大，一般选用的石砾以非石灰性（花岗岩等发育形成）的为好，选用石灰质石砾应用磷酸钙溶液处理。石砾粒径在 1.6～20mm 的范围内，本身不具有阳离子代换量，通气、排水性能好，但持水力差。由于石砾的容重大，日常管理麻烦，在现代无土栽培中已经逐渐被一些轻型基质替代了，但是石砾在早期的无土栽培中起过重要的作用，而且在当今深液流水培中，石砾作为定植填充物还是合适的。

3. 陶粒

陶粒是在 800℃的高温下烧制而成的、团粒大小比较均匀的页岩物质，呈粉红色或赤色。陶粒内部结构松、孔隙多，类似蜂窝状，容重 500kg/m³，质地轻，在水中能浮于水面，是良好的无土栽培基质（见图 5-44）。

4. 蛭石

蛭石属云母族次生矿物，含铝、镁、铁、硅等，呈片层状，经1093℃高温处理，体积平均膨大 15 倍而成。孔隙度大，质轻（容重为 60～250kg/m³），通透性良好，持水力强，pH 中性偏酸，含钙、钾亦较多，具有良好的保温、隔热、通气、保水、保肥作用。因为经过高温煅烧，无菌、无毒，化学稳定性好，为优良无土栽培基质之一（见图 5-45）。

5. 珍珠岩

珍珠岩由硅质火山岩在 1200℃下燃烧膨胀而成，其容重为80～180kg/m³。珍珠岩易于排水、通气，物理和化学性质比较稳定。珍珠岩不适宜单独作为基质使用，因其容重较轻，根系固定效果较差，一般和草炭、蛭石等混合使用（见图 5-46）。

图 5-44　陶粒

图 5-45　蛭石

6. 岩棉

岩棉为 60% 辉绿岩、20% 的石灰石和 20% 的焦炭经 1600℃的高温处理，然后喷成直径 0.5mm 的纤维，再加压制成供栽培用的岩棉块或岩棉板。岩棉质轻，孔隙度大，通透性好，但持水略差，pH 7.0～8.0，含花卉所需有效成分不高。西欧各国应用较多（见图 5-47）。

图 5-46　珍珠岩

图 5-47　岩棉

7. 泡沫塑料颗粒

泡沫塑料颗粒为人工合成物质，含尿甲醛、聚甲基甲酸酯、聚苯乙烯等。其特点为质轻，孔隙度大，吸水力强。一般多与沙和泥炭等混合应用（图 5-48）。

8. 砻糠灰

砻糠灰即炭化稻壳。其特点为质轻，孔隙度大，通透性好，持水力较强，含钾等多种营养成分。但其 pH 高，使用过程中应注意调整。

9. 草炭土

泥炭习称草炭，由半分解的植被组成，因植被母质、分解程度、矿质含量不同而有不同种类。泥炭容重较小，富含有机质，持水、保水能力强，偏酸性，含植物所需要的营养成分。一般通透性差，很少单独使用，常与其他基质混合用于花卉栽培。泥炭是一种非常好的无土栽培基质，特别是在工厂化育苗中发挥着重要的作用（见图 5-49）。

图 5-48　泡沫塑料颗粒

图 5-49　草炭土

10. 树皮

树皮是木材加工过程中的下脚料，是一种很好的栽培基质，价格低廉，易于运输。树皮的化学组成因树种的不同而差异很大。大多数树皮含有酚类物质且 C/N 较高，因此新鲜的树皮应堆沤 1 个月以上再使用。阔叶树皮较针叶树皮的 C/N 高。树皮有很多种大小颗粒可供使用，在盆栽中最常用直径为 1.5 ～ 6.0mm 的颗粒。一般树皮的容重接近于草炭，为 0.4 ～ 0.53g/m^3。树皮作为基质，在使用过程中会因物质分解而使容重增加，体积变小，结构受到破坏，造成通气不良、易积水，这种结构的劣变需要 1 年左右。

11. 锯末与木屑

锯末与木屑为木材加工副产品，在资源丰富的地方多用作基质栽培花卉。以黄杉、铁杉锯末为好，含有毒物质树种的锯末不宜采用。锯末质轻，吸水、保水力强并含一定营养物质，一般多与其他基质混合使用。

此外，用作栽培基质的还有炉渣、砖块、火山灰、椰子纤维、木炭、蔗渣、苔藓、蕨根等。

（四）基质的作用

无土栽培基质的基本作用有三个：一是支持固定植物；二是保持水分；三是通气。无土栽培不要求基质一定具有缓冲作用。缓冲作用可以使根系生长的环境比较稳定，即当外来物质或根系本身新陈代谢过程中产生一些有害物质危害根系时，缓冲作用会将这些危害化解。具有物理吸收和化学吸收功能的基质都有缓冲功能，如蛭石、泥炭等，具有这种功能的基质通常称为活性基质。固体基质的作用是由其本身的物理性质与化学性质所决定的，要了解这些作用的大小、好坏，就必须对与之有密切关系的物理性质和化学性质有一个比较具体的认识。

（五）基质的消毒

任何一种基质使用前均应进行处理，如筛选去杂质、水洗除泥、粉碎浸泡等。有机基质经消毒后才宜应用。基质消毒的方法有以下三种。

1. 化学药剂消毒

（1）甲醛（福尔马林） 甲醛是良好的消毒剂，一般将 40% 的原液稀释 50 倍，用喷壶将基质均匀喷湿，覆盖塑料薄膜，经 24～26h 后揭膜，再风干 2 周后使用。

（2）溴甲烷 利用溴甲烷进行熏蒸是相当有效的消毒方法，但由于溴甲烷有剧毒，并且是强致癌物质，因而必须严格遵守操作规程，并且需向溴甲烷中加入 2% 的氯化苦以检验是否对周围环境有泄漏。方法是将基质堆起，用塑料管将药剂引入基质中，每立方米基质用药 100～150g，基质施药后，随即用塑料薄膜盖严，5～7 天后去掉薄膜，晒 7～10 天后即可使用。

2. 蒸汽消毒

向基质中通入高温蒸汽，可以在密闭的房间或容器中，也可以在室外用塑料薄膜覆盖基质，蒸汽温度应在 60～120℃，温度太高会杀死基质中的有益微生物，蒸汽消毒时间以 30 ～ 60min 为宜。

3. 太阳能消毒

蒸汽消毒比较安全，但成本较高。药剂消毒成本较低，但安全性较差，并且会污染周围环境。太阳能是近年来在温室栽培中应用较普遍的一种廉价、安全、简单实用的基质消毒方法。具体方法是，夏季高温季节在温室或大棚中，把基质堆成 20 ～ 25cm 高的堆（长、宽视具体情况而定），同时喷湿基质，使其含水量超过 80%，然后用塑料薄膜覆盖基质堆，密闭温室或大棚，暴晒 10 ～ 15 天，消毒效果良好。

（六）基质的混合及配制

各种基质既可单独使用，又可按不同的配比混合使用，但就栽培效果而言，混合基质优于单一基质，有机与无机混合基质优于纯有机或纯无机混合的基质。基质混合总的要求是降低基质的容重，增加孔隙度，增加水分和空气的含量。基质的混合使用以 2 ～ 3 种混合为宜。比较好的基质应适用于各种作物。

育苗和盆栽基质，在混合时应加入矿质养分，以下是一些常用的育苗和盆栽基质配方。

① 2 份草炭、2 份珍珠岩、2 份沙。

② 1 份草炭、1 份珍珠岩。

③ 1 份草炭、1 份沙。

④ 1 份草炭、3 份沙。

⑤ 1 份草炭、1 份蛭石。

⑥ 3 份草炭、1 份沙。

⑦ 1 份蛭石、2 份珍珠岩。

⑧ 2 份草炭、2 份火山岩、1 份沙。

⑨ 2 份草炭、1 份蛭石、1 份珍珠岩。

⑩ 1 份草炭、1 份珍珠岩、1 份树皮。

⑪ 1 份刨花、1 份炉渣。

⑫ 3 份草炭、1 份珍珠岩。

⑬ 2 份草炭、1 份树皮、1 份刨花。

容器育苗

一、容器育苗的概况

容器育苗是指使用各种育苗容器装入栽培基质（营养土）培育苗木。这样培育出的苗木称为容器苗，如图5-50所示即为营养钵育的构树苗。从20世纪50年代开始，我国在南方苗圃就已经开始进行桉树、木麻黄等的容器育苗，近年来已经发展到了全国各地。在园林方面，我国园林苗圃很早就利用简单的容器，如泥瓦盆、木桶、框等进行容器育苗，主要针对一些珍贵的园林树种和扦插等无性繁殖苗木。到目前，许多园林苗圃都不同程度地开始了容器育苗，既便于管理，又便于运输。现在的容器育苗又开始向利用塑料棚等保护设施发展（见图5-51）。

图5-50 构树容器苗　　　　**图5-51 设施内容器育苗**

二、育苗容器

目前国内外育苗容器多达几十种，由各种材料和样式制成。在花卉苗圃中所使用的大多为能够重复使用的单体容器、连体容器以及穴盘等。单体容器有软硬塑料制成的，规格不等，也有泥瓦盆，档次较高的有陶瓷容器、木质容器等。连体容器有塑料质地的，也有连体泥炭杯、连体蜂窝纸杯等，育苗数量多且集中，搬运方便（见图5-52、图5-53）。

图 5–52　育苗容器

图 5–53　无纺布育苗袋

三、营养土

容器育苗时，营养土的选择与配制是其中的关键。通常用来制作营养土的原料有腐殖质、泥炭土、沙土、锯末、树皮、植物碎片及园土等。我国配制营养土的方法很多，受不同地区材料限制，故需要因地制宜、就地取材进行配制。

不论采取哪种方法配制，所配制好的营养土必须要满足以下的条件。

① 营养物质丰富。

② 理化性质良好，具有良好的透气、保水性能。

③ 不带有杂草种子、害虫、病原物，可以带有与植物共生的真菌。

④ 最好是经过消毒的土壤，具体消毒方法见"无土栽培育苗之固体基质的消毒"。

四、容器装土及排列

（1）装土　装土之前，将营养土充分混合均匀，接着堆沤1周，目的是为了使营养土中的有机肥充分腐熟，防止烧伤幼苗。装土时注意不能太实、太满，要比容器口略低，要留出浇水或营养液的余地，在播种或移植时将土压实。

（2）排列　排列容器时，宽度控制在1m左右，便于操作管理，长度结合苗圃地的实际情况，没有具体限制。容器下面要垫水泥板或砖块或无纺布等，以免植物根系穿透容器长入土地中而影响根系的生长和完整性。

五、容器育苗

播种育苗时，种子要播种在容器中央，发芽率高的可少播，发芽率低的可适当加大播种密度。因为容器育苗要经常灌水，所以覆土要稍厚于一般苗圃。

室外育苗时应根据天气情况进行适当覆盖，可以用锯末、细草、玻璃板等覆盖在容器表土上，以减少水分蒸发。但是要注意不能覆盖塑料薄膜，因为有可能造成高温而导致苗木灼伤。

六、容器苗的管理

主要有两个问题要注意：一是灌水时不可大水冲灌，最好是滴灌或喷灌，尤其幼苗时期要及时灌溉；另一个是及时间苗，保证每个容器只有一株壮苗，多余的要经过 1～2 次间掉，间苗结合补苗同时进行。

第四节

全光照喷雾嫩枝扦插育苗技术

一、全光照喷雾嫩枝扦插育苗技术简介

全光照喷雾嫩枝扦插育苗技术简称全光雾插育苗技术，是在全日照条件下，利用半木质化的嫩枝作插穗和排水通气良好的插床，并采用自动间歇喷雾的现代技术，进行高效率和规模化扦插育苗。这是目前国内外广泛采用的育苗新技术，它可以在短时间内以较低的成本有计划地培育市场需要的各种园林植物，同时可以实现生产的专业化、工厂化和良种化，是林业、园林、园艺等行业的一个育苗发展方向。

二、全光照自动喷雾设备装置

目前，在我国广泛采用的自动喷雾装置主要有三种类型，分别是电子叶喷雾设备、双长悬臂喷雾装置和微喷管道系统。不论是哪种类型，其构造的共同点都是由自动控制器和机械喷雾两部分组成。

1.电子叶喷雾设备

我国于 1977 年开始报道应用这种新技术。该技术可以根据叶面的水膜有没有变化较为准确地控制喷雾的时间和数量，从而有效地促进园林植物插穗生根。

电子叶喷雾设备主要包括进水管、贮水槽、自动抽水机、压力水筒、电磁阀、控制继电器、输水管道和喷水器等（见图 5-54）。使用时，将电子叶安装在插床上，由于喷雾而在电子叶上形成一层水膜，使得两个电极接通，控制继电器根据电子叶的接通而使电磁阀关闭，水管上的喷头便自动停止喷雾。随着水分的蒸发，水膜逐渐消失，水膜断离，电流即被切断，控制继电器支配的电磁阀打开，又继续喷雾，这就是电子叶喷雾装置的工作方法。

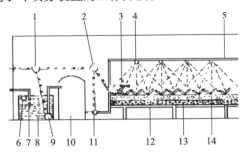

图 5-54　电子叶喷雾系统示意

引自《全光照喷雾嫩枝扦插育苗技术》

1—电源；2—继电器；3—电子叶；4—喷头；5—水管；6—浮标；7—进水口；

8—喷头；9—水泵；10—高压水桶；11—电磁阀；12—温床；13—底热装置；14—基质

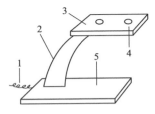

图 5-55　电子叶装置示意

引自《全光照喷雾嫩枝扦插育苗技术》

1—电源；2—支架；

3—绝缘胶板；4—电极；5—底板

电子叶的构造是根据水的导电原理设计的，在一块绝缘的胶板上按照一定的距离安装两个精碳电极，水中带有电离子，在电极间电场作用下移动而传递电子，根据电子叶表面的干湿度情况使得电路通或者断来控制喷雾（见图 5-55）。

这种装置可以完全实现自动化，首先通过水泵从贮水槽中吸水，把吸入的水送到压力箱内，使得达到一定的水压，再经过电子叶的控制，然后喷雾，随着喷雾进行，水压逐渐降低，水泵再次吸水送入压力箱以维持一定的水压。

2. 双长臂喷雾装置

我国从 1987 年开始自行设计使用双长臂喷雾装置。该喷雾机械主要构造包括机座、分水器、立杆和喷雾支管等（见图 5-56）。工作原理是：当自来水、水塔、水泵等水源压力系统大于 $0.5kg/cm^2$ 的水从喷头喷出时，双长臂即在水的反冲作用力下，绕中心轴沿顺时针方向进行扫描喷雾。

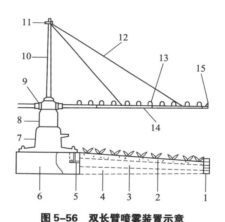

图 5-56 双长臂喷雾装置示意

引自《全光照喷雾嫩枝扦插育苗技术》

1—砖墙；2—河沙；3—炉渣；4—小石子；5—地角螺丝；6—底座；7—机座；8—分水器；9—活接；10—立柱；11—顶帽；12—铁丝；13—喷头；14—喷水管；15—堵头

双长臂喷雾设备安装要选择在背风向阳、地势平坦、排水良好和具有水电条件的地方。首先要整地建床，要求地面平整或中心偏高，以利于排水；苗床四周有矮墙，底层留有排水口；床面铺扦插基质，如小石子、煤渣等滤水层，锯末、珍珠岩等基质（见图 5-57）。接着进行底座的浇制，在苗床的中心事先挖面积稍大于机座的坑，用混凝土浇制一个与砖墙同高的底座，同时根据机座上固定孔位置在混凝土内放入地角螺丝（见图 5-58）。最后进行机械安装，其安装顺序见图 5-59，还要注意供水设备的选择。

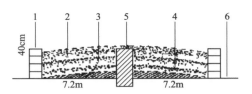

图 5-57 圆形苗床竖切面示意

引自《全光照喷雾嫩枝扦插育苗技术》

1—砖墙；2—河沙；3—煤渣；4—小石子；5—底座；6—地平线

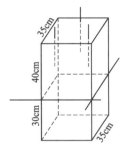

图 5-58 底座示意

引自《全光照喷雾嫩枝扦插育苗技术》

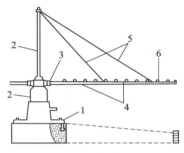

图 5-59 机械安装顺序示意

引自《全光照喷雾嫩枝扦插育苗技术》

1—机座固定；2—拧上分水器和立柱；

3—将喷管套入活接；4—将大、中、小三根管套接；

5—铁丝牵引至水平；6—插入喷头

3. 微喷管道系统

微喷是近些年来发展起来的一门新技术，在全国各地被广泛应用于全光雾插育苗。其主要结构包括水源、首部枢纽、管网和喷水器等。

第六章

花卉繁殖技术

一、二年生草本花卉育苗技术

一、万寿菊

1. 生物学特性

万寿菊（*Tagetes erecta L.*）是菊科万寿菊属一年或多年生草本植物（见图 6-1～图 6-3）。别名臭芙蓉、蜂窝菊、金菊花、臭菊花、千寿菊等。原产于墨西哥，适应性较强，现已广植于世界各地。瘦果线形，种子千粒重 3.0～3.5g，多用种子繁殖，也可进行扦插繁殖。

万寿菊属热带高原植物，性喜凉爽温暖和充足阳光。经人工驯化能耐暑热和短期 3～5℃低温，较耐旱，种子发芽适宜温度是 21～22℃，幼苗生长适宜温度是 12～28℃，要求床土水分适中，忌过湿。对床土要求不严，但仍以排水良好、肥沃湿润地生长为好，适宜土壤 pH 为 5.5～6.5。

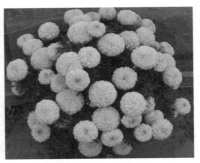

图 6-1　万寿菊茎叶

图 6-2　万寿菊花

图 6-3　万寿菊园林应用

2. 播种繁殖

万寿菊种子极易萌发，在母株下常有天然自播的小苗。当土温在 20℃以上时，播种后约 5 天可发芽出土，20 天左右即可移植。30 天左右的小苗高约 13cm，可以出圃定植或供上盆。栽培性强，移栽后易成活。

旱热品种植株较小，生长周期也较短，从种子发芽至开花，仅需 40～50 天；晚熟品种则需要 90 天。通常春播秋花或夏播秋冬花，应根据需要确定播种期，如为布置秋季花坛，夏季育苗，夏播 50～60 天即可开花。

在播种床上或育苗盘里，用普通育苗床土播种。播干种子，每平方米播种床用种量 20～30g，覆土后上面盖地膜或扣小拱棚，控制地温 20～22℃，约 3 天出苗。出苗后地温控制在 16～20℃即可。

培育现大蕾的秧苗时，秧苗生长的营养面积约 60cm²。苗床上水分不宜太多，但用育苗钵培育成苗时，水分又不可控制过度。成苗期秧苗生长迅速，要及时防止徒长。定植前 5 ～ 7 天炼苗。

3. 扦插繁殖

在生长期用嫩枝作插穗，插穗长 10cm 左右，去掉下部叶片，插入床土中，略加遮阴。2 周后生根，然后移入育苗钵培育成苗，或栽入花盆中，生根后 40 天左右开花，也可结合生产上疏摘的顶芽或侧芽进行扦插，较易发根，以顶芽扦插的效果最佳。扦插苗植株较矮，用于布置花坛最为适宜。

二、金盏菊

1. 生物学特性

金盏菊（*Calendula officinalis*）是菊科金盏菊属植物（见图 6-4 ～图 6-6）。金盏菊又名金盏花，金盏菊植株矮生，花朵密集，花色鲜艳夺目，花期长，是早春园林和城市中最常见的草本花卉。金盏菊可食用，其富含多种维生素，尤其是维生素 A 和维生素 C；几乎各部位都可以食用；其花瓣有美容功能，也可作为中药材。

金盏菊喜欢温暖气候，忌酷热，在夏季温度高于 34℃时明显生长不良；不耐霜寒，在冬季温度低于 4℃以下时进入休眠或死亡。最适宜的生长温度为 15 ～ 25℃。春、夏、秋三季需要在遮阴条件下养护。在气温较高的时候（白天温度在 25℃以上），如果它被放在直射阳光下养护，叶片会明显变小，枝条节间缩短，脚叶黄化、脱落，生长十分缓慢或进入半休眠的状态。喜欢较高的空气湿度，空气湿度过低会加快单花凋谢。也怕雨淋，晚上需要保持叶片干燥。最适空气相对湿度为 65% ～ 75%。

2. 播种繁殖

（1）催芽　用温热水（温度和洗脸水差不多）把种子浸泡 3 ～ 10h，直到种子吸水并膨胀起来。

（2）播种　常在 9 月中下旬以后进行秋播。对播种用的基质进行消毒，最好的方法就是把它放到锅里炒热，什么病虫都能烫死。对于用手或其他工具难以夹起来的细小的种子，可以把牙签的一端用水沾

图6-4　金盏菊茎叶　　　　　　　　图6-5　金盏菊花

图6-6　金盏菊的园林应用

湿，把种子一粒一粒地粘放在基质的表面上，覆盖基质1cm厚，然后把播种的花盆放入水中，水的深度为花盆高度的1/2～2/3，让水慢慢地浸上来（这个方法称为"盆浸法"）。

（3）播种后的管理　在秋季播种后，遇到寒潮低温时，可以用塑料薄膜把花盆包起来，以利保温保湿；幼苗出土后，要及时把薄膜揭开，并在每天上午的9：30之前，或者在下午的3：30之后让幼苗接受太阳的光照，否则幼苗会生长得非常柔弱；大多数的种子出齐后，需要适当地间苗：把有病的、生长不健康的幼苗拔掉，使留下的幼苗相互之间有一定的空间；当大部分的幼苗长出了3片或3片以上的叶子后就可以移栽上盆了。

3. 扦插繁殖

（1）扦插枝条的选择　用来扦插的枝条称为插穗。通常结合摘心工作，把摘下来的粗壮、无病虫害的顶梢作为插穗，直接用顶梢扦插。

（2）扦插基质　就是用来扦插的营养土或河沙、泥炭土等材料。家庭扦插限于条件很难弄到理想的扦插基质，用中粗河沙也行，但在使用前要用清水冲洗几次。海沙及盐碱地区的河沙不要使用，它们不适合花卉植物的生长。

（3）扦插后的管理

① 温度：插穗生根的适温为 18～25℃。低于 18℃，插穗生根困难、缓慢；高于 25℃，插穗的剪口容易受到病菌侵染而腐烂，并且温度越高，腐烂的比例越大。扦插后遇到低温时，保温的措施主要是用薄膜把用来扦插的花盆或容器包起来；扦插后温度太高时，降温的措施主要是给插穗遮阴，要遮去阳光的 50%～80%，同时，给插穗进行喷雾，每天 3～5 次，晴天温度较高所以喷的次数也较多，阴雨天温度较低所以喷的次数少或不喷。

② 湿度：扦插后必须保持空气的相对湿度在 75%～85%。可以通过给插穗进行喷雾来增加湿度，每天 1～3 次，晴天温度越高喷的次数越多，阴雨天温度越低喷的次数越少或不喷。但过度喷雾，插穗容易被病菌侵染而腐烂，因为很多病菌就存在于水中。

③ 光照：扦插繁殖离不开阳光的照射，但是，光照越强，则插穗体内的温度越高，插穗的蒸腾作用越旺盛，消耗的水分越多，越不利于插穗的成活。因此，在扦插后必须把阳光遮掉 50%～80%，待根系长出后，再逐步移去遮光网：晴天时每天下午 4：00 除下遮光网，第二天上午 9：00 前盖上遮光网。

④ 上盆或移栽：小苗装盆时，先在盆底放入 1～2cm 厚的粗粒基质或者陶粒来作为滤水层，其上撒上一层充分腐熟的有机肥料作为基肥，厚度为 1～2cm，再盖上一层基质，厚 1～2cm，然后放入植株，以把肥料与根系分开，避免烧根。

上盆用的基质可以选用下面的一种。菜园土：炉渣 = 3：1；或者园土：中粗河沙：锯末（茹渣）= 4：1：2；或者水稻土、塘泥、腐叶土中的一种。或者草炭 + 珍珠岩 + 陶粒 =2 份 +2 份 +1 份；菜园土 + 炉渣 =3 份 +1 份；草炭 + 炉渣 + 陶粒 =2 份 +2 份 +1 份；锯末 + 蛭石 + 中粗河沙 =2 份 +2 份 +1 份。上完盆后浇一次透水，并放在略阴环境养护 1 周。

三、翠菊

1. 生物学特性

翠菊［*Callistephus chinensis*（L.）Nees］是菊科翠菊属植物（见图 6-7～图 6-9）。翠菊又称江西腊、七月菊、格桑花。一年生或二年生草本，高 30～100cm。翠菊每克种子 420～430 粒。翠菊原产我国北部。通常作为植物园、花园、庭院及其他公共场所的观赏栽植。

翠菊喜温暖、湿润和阳光充足环境，怕高温多湿和通风不良。白天最适宜生长温度 20～23℃，夜间 14～17℃，冬季温度不低于 3℃。若 0℃以下茎叶易受冻害。相反，夏季温度超过 30℃，开花延迟或开花不良。翠菊为长日照植物，对日照反应比较敏感，在每天 15h 长日照条件下，保持植株矮生，开花可提早。若短日照处理，植株长高，开花推迟。翠菊为浅根性植物，生长过程中要保持盆土湿润以利茎叶生长。同时，盆土过湿对翠菊影响更大，会引起徒长、倒伏和发生病害。

2. 播种繁殖

翠菊常用播种繁殖。因品种和应用要求不同决定播种时间。若以盆栽品种小行星系列为例：可以从 11 月至翌年 4 月播种，开花时间可以从 4 月到 8 月。发芽适温为 18～21℃，播后 7～21 天发芽。幼苗生长迅速，应及时间苗。用充分腐熟的优质有机肥作基肥，化学肥料可作追肥，一般多春播，也可夏播和秋播，播后 2～3 个月就能开花。

可根据需要分批播种控制花期。矮型种 2～3 月在温室内播种或 3 月在阳畦内播种，5～6 月即可开花；4～5 月露地播种，7～8 月开花；7 月上中旬播种，可在"十一"开花；8 月上中旬播种，幼苗在冷床中越冬，翌年"五一"开花。中型品种 5～6 月播种，8～9 月开花；8 月播种需冷床越冬，翌年 5～6 月开花。高型品种春、夏皆可播种，均于秋季开花，但以初夏播种为宜，早播种开花时株高叶老，下部叶枯黄。栽培管理：出苗后应及时间苗。经一次移栽后，苗高 10cm 时定植。夏季干旱时需经常灌溉。秋播切花用的翠菊必须采用半夜光照 1～2h，以促进花茎的伸长和开花。

图6-7 翠菊茎叶

图6-8 翠菊花

图6-9 翠菊园林应用

四、波斯菊

1. 生物学特性

波斯菊（*Cosmos bipinnata* Cav.）是菊科秋英属，一年生或多年生草本（见图6-10～图6-12）。别名大波斯菊、秋英。头状花序单生，径3～6cm，花期8～10月，常作园林绿化用，群植效果最好。

波斯菊喜光，耐贫瘠土壤，忌肥，忌土壤过分肥沃，忌炎热，忌积水，对夏季高温不适应，不耐寒。需疏松肥沃和排水良好的壤土。

2. 播种繁殖

波斯菊用种子繁殖。中国北方一般4～6月播种，6～8月陆续开花，8～9月气候炎热，多阴雨，开花较少。秋凉后又继续开花直到霜降。如在 7 ～ 8 月播种，则 10 月份就能开花，且株矮而整齐。

波斯菊的种子有自播能力，一经栽种，以后就会生出大量自播苗；若稍加保护，便可照常开花。可于 4 月中旬露地床播，如温度适宜则 6 ～ 7 天小苗即可出土。

3 月下旬至 4 月上旬，将种子播于露地苗床。地温在较低的 15℃时也可发芽，但是如果很早就播种的话，就会长成高度 2m 的巨株，会因台风或植物的重量而容易倒伏。也有播种之后过 50 ～ 70 天就开花的早开品种，所以要分早开花和秋开花来播种。

图 6-10　波斯菊茎叶

图 6-11　波斯菊花

图 6-12　波斯菊园林应用

3. 扦插繁殖

扦插繁殖在 5 月进行，可选取粗壮的顶枝，剪取 8 ～ 10cm 长的一段作插条，以 3 ～ 5 株为一丛插于花盆内，盆宜埋在土中，露出地

花卉育苗技术手册

面 4～5cm，进行浇水遮阴，半个月后即生根。生根后每 15 天施薄肥液 1 次，长到 15cm 时再摘去顶芽，促使多分枝。若肥水控制得当，45 天左右便可见花。

在生长期间也可行扦插繁殖，于节下剪取 15cm 左右的健壮枝梢，插于沙壤土内，适当遮阴及保持湿度，6～7 天即可生根。中南部地区 4 月春播，发芽迅速，播后 7～10 天发芽。也可用嫩枝扦插繁殖，插后 15～18 天生根。

五、雏菊

1. 生物学特性

雏菊（*Bellis perennis* L.）是菊科雏菊属多年生草本植物（见图 6-13、图 6-14）。又名马头兰花、延命菊、春菊、太阳菊等。高 10cm 左右。原产欧洲至西亚，在园林栽培中常作为二年生植物栽培。

图 6-13 雏菊茎叶

图 6-14 雏菊花

雏菊耐寒，宜冷凉气候，一般秋播作 2 年生栽培（高寒地区春播作 1 年生栽培），种子发芽适温为 22～28℃。雏菊在 5℃以上可安全越冬，保持 18～22℃ 的温度对良好植株的形成是最适宜的。雏菊在 10～25℃ 可正常开花，温度低于 10℃ 时，生长则相对缓慢，株形变小，花期延迟，花朵同时也不饱满。如温度高于 25℃，花茎则会长得较好，但生长势及开花都会受影响而衰减。在 5～6 月份，气温升高，生长势及开花不够理想，所以一般都用秋播来避开 5 月份以后的高温环境。

2. 播种繁殖

南方多在秋季 8 ～ 9 月份播种，也可春播，但往往夏季生长不良。北方多在春季播种，也可秋播，但在冬季花苗需移入温室进行栽培管理。由于雏菊的种子比较小，通常采取撒播的方式。但播种苗往往不能保持母株的特征。播种前施足腐熟的有机肥为基肥，并深翻细耙，做成平畦。用细沙混匀种子撒播，上覆盖细土厚 0.5cm 左右，播种后覆盖遮阳网并浇透水。播后保持温度在 28℃左右，在早春阴冷多雨时覆盖塑料薄膜，以保持土壤湿度和温度。浇水宜细喷，以防土壤表层板结。约 10 天后小苗出土，揭去遮阳网或塑料薄膜，在幼苗具 2 ～ 3 片时即可移栽到大田。菊花菜可直播，在中国南方 2 月即可播种，在北方寒冷地区于 4 月上旬方可播种，每亩用种量约 0.2 千克。

3. 分株繁殖

由于实生苗变异较大，对于一些优良品种可采用分株法繁殖，但生长势不如实生苗，且结实差。在 3 月中下旬可将老茬菊花菜挖出，露出根颈部，将已有根系的侧芽连同老根切下，移植到大田中。分株繁殖在萌发新梢时进行较适宜。

4. 扦插繁殖

在整个生长季节均可进行扦插繁殖，以 4 ～ 6 月扦插的成活率最高。苗床最好用新土，混入经堆沤腐熟的有机肥。剪取具 3 ～ 5 个节位、长 8 ～ 10cm 的枝条，摘除基部叶片，入土深度为插条长的 1/3 ～ 1/2。扦插后保持苗床湿润，忌涝渍，高温季节需遮阴，而在温度较低时可搭塑料薄膜拱棚保温保湿。一般 15 天后可移植到大田。

六、金鱼草

1. 生物学特性

金鱼草（*Antirrhinum majus* L.）是玄参科金鱼草属多年生草本植物（见图 6-15 ～图 6-17）。株高 20 ～ 70cm，叶片长圆状披针形。金鱼草因花状似金鱼而得名。金鱼草种子细小，每克 6500 ～ 7000 粒。同时，它也是一味中药，具有清热解毒、凉血消肿之功效。也可榨油食用，营养健康。

图6-15 金鱼草植株

图6-16 金鱼草花

图6-17 金鱼草园林应用

金鱼草为喜光性草本。阳光充足条件下，植株矮生，丛状紧凑，生长整齐，高度一致，开花整齐，花色鲜艳。半阴条件下，植株生长偏高，花序伸长，花色较淡。金鱼草较耐寒，不耐热，生长适温9月至翌年3月为7～10℃，3～9月份为13～16℃，幼苗在5℃条件下通过春化阶段。高温对金鱼草生长发育不利，开花适温为15～16℃，有些品种温度超过15℃，不出现分枝，影响株态。金鱼草对土壤要求不高，土壤宜用肥沃、疏松和排水良好的微酸性沙质壤土。金鱼草对水分比较敏感，盆土必须保持湿润，盆栽苗必须充分浇水。但盆土排水性要好，不能积水，否则根系腐烂，茎叶枯黄凋萎。

2. 播种繁殖

9月下旬至10月上旬播种。种前用浓度0.5%左右的高锰酸钾溶液浸泡种子1～2h，经消毒后可杀灭种子表面携带的病原菌，而且还有利于种子萌发，促使种子发芽迅速，幼苗生长整齐健壮。

（1）苗床播种　苗床要选择土壤结构疏松、地下水位低、排水良好、富含有机质的沙壤土为好。苗床要求土粒细、平整。为防止病虫害发生，在播种前25天左右将播种地翻晒2～3次，播种前用呋喃丹对土壤进行消毒。播时要将苗床浇透水，将种子按1∶4与细沙混合，均匀地撒播在苗床上，播后覆盖一层薄草木灰。浇水后用50%的遮光网遮盖，切忌阳光暴晒，过7～10天发芽，出苗后5～6周可移栽。

（2）穴盘播种　种子和介质的消毒很重要。播种前用浓度0.5%左右的高锰酸钾溶液浸泡种子1～2h。每立方米介质（约20袋）中加入甲基托布津粉剂150～200g，搅拌2～3次，使药物与介质充分混合，然后边喷水边搅拌，调至介质"手握成团，松而不散"为宜，用薄膜覆盖堆放8～10h后装于穴盘内。穴盘每穴放一粒种子，播后轻轻用手挤压，使种子与介质黏合，然后用喷雾器喷透水，再盖上报纸或塑料薄膜，如育苗场可进行湿度、温度控制则不必覆盖。要长期保持报纸湿润，待种子发芽后将报纸翻开。过7～10天发芽，出苗后5～6周可移栽。金鱼草通常在苗高10～12cm时为定植适期。发芽的适当温度为15～20℃，夜间为10℃左右。

3. 扦插繁殖

插穗可以选用当年播种健壮小苗的腋芽或剪取当年生健壮小苗的顶芽（结合摘心）进行扦插。也可在花败后选择植株健壮的植株，剪去老枝，地上部保留2～3m主茎，剪后施以氮为主的复合肥，待发出芽后剪取扦插。插穗长度为3～4节，尽量在节间下剪取，去掉下部叶片，保留上部1～2叶。然后用"根太阳"生根剂400倍液和黄泥混合成泥浆，将插穗剪口蘸点泥浆，待泥浆干后插育苗池内，育苗池要用70%的遮光网遮盖，育苗池介质可直接用新鲜河沙或新鲜黄泥，用一根细竹棒预先在基质上打孔，一边打孔一边插入插穗，并用两个手指轻轻压实插穗基部的培养土，使插穗与介质结合。

扦插密度约 2.5cm × 3.0cm，以插穗的叶片相互碰到而不重叠为标准，插入的深度控制在有一个节入土即可。插后浇透水，以后每天用喷雾喷 1 次叶面。插后 8 天就可移植。

七、飞燕草

1. 生物学特性

飞燕草［*Consolida ajacis*（L.）Schur］是毛茛科飞燕草属多年生草本植物（见图 6-18 ～图 6-20）。因其花形别致，酷似一只只燕子，故名之。总状花序具 3 ～ 15 花，花瓣状，蓝色或紫蓝色，花径 4cm左右，形态优雅，惹人喜爱；株高 35 ～ 65cm。原产于欧洲南部，现中国各省均有栽培。

图 6-18　飞燕草植株

图 6-19　飞燕草花

图 6-20　飞燕草园林应用

飞燕草对气候的适应性较强，以湿润凉爽的气候环境较为适宜。种子发芽的适温为 15℃，生长期适温白天为 20 ～ 25℃，夜间为 3 ～ 15℃。喜光、稍耐阴，生长期可在半阴处，花期需充足阳光。喜肥沃、湿润、排水良好的酸性土，也能耐旱和稍耐水温，pH 值以 5.5 ～ 6.0 为佳。

2. 播种繁殖

飞燕草发芽适温 15℃左右，土温最好在 20℃以下，2 周左右萌发。秋播在 8 月下旬至 9 月上旬，先播入露地苗床，入冬前进入冷床或冷室越冬，春暖定植。南方早春露地直播，间苗保持 25 ～ 50cm 株距。北方一般事先育苗，于 4 月中旬定植，2 ～ 4 片真叶时移植，4 ～ 7 片真叶时定植。雨天注意排水。果熟期不一致，熟后当自然开裂，故应及时采收。一般在 6 月将已熟种子先采收 1 ～ 2 次，7 月份选优全部收割晒干脱粒。

3. 扦插繁殖

春季进行，当新叶长出 15cm 以上时切取插条，插入沙土中。

4. 分株繁殖

春、秋季节均可进行，一般 2 ～ 3 年分株一次。

八、福禄考

1. 生物学特性

福禄考（*Phlox drummondii* Hook.）是花葱科天蓝绣球属一年生草本植物（见图 6-21 ～图 6-23）。常用作园林花卉。

福禄考不耐寒，喜温暖，忌酷热，生长适温 15 ～ 25℃。福禄考花色繁多，着花密，花期长，管理较为粗放，故为基础花坛的主栽品种，盆栽效果也很好。生长期 4 ～ 6 个月，花期 5 ～ 10 月份。种子较小，每克 550 ～ 600 粒。

2. 播种繁殖

北方地区可以在 2 月初播种，5 月以后开花。长江中下游及以南地区，由于夏季炎热，常采用秋播，小苗越冬在 0℃以上，这样可以在春季开花。

可以直播于育苗盘，采用轻质的播种介质。播种后略盖土，常采用细粒蛭石，有助于保持湿润，同时喷洒杀菌剂防止小苗得病。最佳

图6-21 福禄考植株

图6-22 福禄考花

图6-23 福禄考园林应用

的发芽温度为20～22℃，土温对种子发芽的影响很大，应加倍控制。一般7～14天可以出苗。特别注意小苗不耐移植。播种育苗的时间因地而异。

福禄考小苗不耐移植，因此移植上盆宜早不宜晚，而且尽量保持小苗的根系完好。常在出苗后4周内移植上盆，品种"帕洛娜"宜采用10cm左右的小盆，以及排水良好、疏松透气的盆栽介质。

小苗出苗时的温度较高，可为22℃。移植上盆的初期最好能保持18℃，一旦根系伸长，可以降至15℃左右生长，这样9～10周可以开花。保持较低的温度可以形成良好的株形，福禄考可以耐0℃左右的低温，但其生育期相对较长。

3. 分株繁殖

此法操作简便，成活迅速，但不适合大量繁殖。时间宜在早春或秋季进行。利用宿根福禄考根蘖分生能力强，在生长过程中易萌发根蘖的特性，将母株周围的萌蘖株挖出栽植。萌蘖株尽量带完整根系，以提高成活率。

4. 压条繁殖

时间可在春、夏、秋季进行。

（1）堆土压条　将其基部培土成馒头状，使其生根后分离栽植即可。

（2）普通压条　将接近地面的枝条，使下部弯曲埋入土中，枝条上端露出地面。压条时，预先将埋进土里的部分枝条的树皮划破（可释放养料，利于生根），30天左右生根后，即可与母株分离栽植。

5. 扦插繁殖

宿根福禄考的扦插可用茎插和叶插。

（1）茎插　在春、夏、秋季进行，一般在开花后进行。茎插适用于大批量生产，结合整枝打头，取生长充实的枝条，截取 3 ～ 5cm 长的插条，插入干净无菌素沙中，株行距为 2 ～ 3cm，保持土壤湿度即可，30天左右可生根。夏季注意喷 1 ～ 2 次 800 ～ 1000 倍 50% 的多菌灵溶液，防止插条腐烂。

（2）叶插　在夏季取带有腋芽的叶片（叶片保留 1/2 左右），带 2cm 长茎，插于干净无菌素沙中，注意遮阴，并保持土壤湿润，30天左右可生根。

九、一串红

1. 生物学特性

一串红（*Salvia splendens* Ker-Gawler）是唇形科鼠尾草属亚灌木状草本植物（见图 6-24 ～图 6-26）。别名爆仗红（炮仗红）、拉尔维亚、象牙红、西洋红、洋赪桐等。总状花序，且花序修长，色红鲜艳，花期又长，适应性强，为中国城市和园林中最普遍栽培的草本花卉。

一串红喜暖好阳，最适生长温度为 20 ～ 25℃，能耐高温，但盛夏气温过高时生长发育转弱，30℃以上生长迟缓，植株和开花会有不良表现。35℃以上生长停止。7℃以下叶片泛黄脱落，3℃以下会受冻害或停止生长。一串红不喜多水，管理时应控制浇水，即不干不浇、浇则浇透。生长期间喜磷肥、钾肥。一串红要求疏松、肥沃和排水良好的沙质壤土。而对用甲基溴化物处理土壤和碱性土壤反应非常敏感，适宜于 pH 5.5 ～ 6.0 的土壤中生长。

图 6-24　一串红植株

图 6-25　一串红花

图 6-26　一串红园林应用

2. 播种繁殖

（1）种子处理　在播种前可将种子在 25 ～ 30℃的温水中浸泡 6 ～ 8h，然后装在纱布中搓洗，洗去表面的黏液，之后可直接进行播种，6 ～ 7 天即可发芽出苗；也可先催芽后播种，即洗净后包在湿布里，放于 20 ～ 25℃的环境中催芽，每天用温水冲洗 2 ～ 3 遍，5 ～ 6 天后种子萌动即可播种。

（2）播种方法

① 穴盘育苗：在每立方米基质中加入甲基托布津粉剂 150 ～

200g，搅拌 2 ～ 3 次，使药物与介质充分混合，然后边喷水边搅拌，调至介质能手握成团、松而不散为宜。堆放 8 ～ 10h 后装于穴盘内，堆放时要用薄膜覆盖。每穴放一粒种子，播后轻轻用手挤压使种子与介质黏合，然后用喷雾器喷透水，再盖上报纸或塑料薄膜。要长期保持报纸湿润，待种子发芽后将报纸翻开。

②苗床育苗：黄泥、泥炭、珍珠岩以 4 : 2 : 1 的比例混合配成育苗基质，先用水浇湿苗床，将种子按 1 : 4 的比例与细沙混合，均匀地撒播在苗床上，播后覆上一层薄草木灰，且保持土壤湿润，在30℃左右、光照充足的条件下，5 ～ 6 天即可出苗。播种时要一匀、二湿、三暖。匀是指播种要匀、覆土要匀；湿是指播后及出苗前介质、苗床要保持湿润；暖是指播后及出苗前可使温度保持在比苗期相对高的温度。此阶段管理的好坏将直接决定着出苗率的高低及苗的好坏。

（3）苗期管理　子叶长出后可用 3000 倍液尿素喷施，苗期容易发生猝倒病，可喷敌克松、甲基托布津、多菌灵等 800 ～ 1000倍液，每隔 7 天喷一次。可适当控制水分，促进根系生长，以防倒伏。

3. 扦插繁殖

扦插繁殖选取当年生无病虫害健壮植株作母本，在母本上剪取新梢，插穗长度一般以保持 2 ～ 3 节为好。然后用"根太阳"生根剂 400 倍液和黄泥混合成泥浆，将插穗剪口蘸点泥浆，处理后可插入育苗池，扦插基质可直接用粗沙，温度在 25 ～ 28℃范围内，插后8 ～ 10 天可移植上盆。扦插苗的管理比较方便，整个苗期都不用施肥，每天喷一次水即可。

（1）栽培基质配制　黄泥、木屑、蘑菇泥以 6 : 3 : 1 的比例拌匀，再堆沤半年。

（2）移植上盆　扦插苗当根系长到 5 ～ 7mm 时就可以移植上盆。如果用育苗盘育苗，应在 2 ～ 3 对真叶时移植上盆，上盆后需马上浇足水，避免阳光直射，如在强烈阳光下，扦插苗上盆后要用遮光网覆盖 3 ～ 4 天。穴盘苗不用遮光网遮盖，因为穴盘苗根系带土壤基质。之后摘心整形。

十、矮牵牛

1. 生物学特性

矮牵牛［*Petunia hybrida*（J.D.Hooker）Vilmorin］是茄科碧冬茄属多年生草本植物，常作一二年生栽培（见图 6-27 ～图 6-29）。花单生，呈漏斗状，花白色、紫色或各种红色，并镶有其他颜色边，非常美丽，花期 4 月至降霜；蒴果；种子细小。分布于南美洲，如今各国广为栽种。

图 6-27 矮牵牛植株

图 6-28 矮牵牛花

图 6-29 矮牵牛园林应用

短牵牛喜温暖和阳光充足的环境。不耐霜冻，怕雨涝。生长适温为 15 ～ 25℃，冬季温度在 4 ～ 10℃，如低于 4℃，植株生长停止。夏季能耐 35℃以上的高温。夏季生长旺期需充足水分，特别在夏季高温季节，应在早、晚浇水，保持盆土湿润。但梅雨季节雨水多，对矮牵牛生长十分不利，盆土过湿，茎叶容易徒长，花期雨水多，花朵易褪色或腐烂。盆土若长期积水，则烂根死亡，所以盆栽矮牵牛宜用疏松肥沃和排水良好的沙壤土。最适宜的土壤 pH 为 6.0～6.5。

属长日照植物，生长期要求阳光充足，在正常的光照条件下，从播种至开花需 100 天左右。冬季大棚内栽培矮牵牛时，在低温、短日照条件下，茎叶生长很茂盛，但着花很难；当春季进入长日照下，很快就从茎叶顶端分化花蕾。

2. 播种繁殖

矮牵牛在长江中下游地区保护地条件下，一年四季均可播种育苗，因一般花期控制在"五一"、"十一"，所以播种时间秋播在 10～11 月，春播在 6～7 月；北方保护地条件下，播种时间秋播在元旦前后，春播在 4～5 月。播种前装好基质，浇透水，播后细喷雾湿润种子，种子不能覆盖任何基质，否则会影响发芽。播后保持基质温度 22～24℃，4～7 天出苗。第一对真叶出现后施 50×10^{-6} 浓度的氮肥液，并注意通风，种苗也可逐渐见光。种苗出现 2～3 对真叶时，介质温度可降低到 18～20℃，每隔 7～10 天，施 0.1% 尿素液或氮磷钾 15-15-15 的 0.1% 的复合肥液。此阶段仍应注意通风，防止病害产生，每隔 1 周左右喷施百菌清或甲基托布津 800～1000 倍液。当植株出现 3 对真叶时，根系已完好形成，温度、湿度、施肥要求同前，仍要注意通风、防病工作。春育苗的定植前 5～7 天降温，逐渐加大通风和适度控制水分进行炼苗。

3. 扦插繁殖

矮牵牛扦插繁殖法：重瓣矮牵牛不易结实，宜用扦插繁殖。

矮牵牛扦插宜在晚春至梅雨期、气温不很炎热的时期进行，较易生根成活，也可在秋凉后进行扦插，剪取萌发的顶端嫩枝，长 10cm，插入沙床，插壤温度 20～25℃，注意除插后初次浇水可稍多外，以后的浇水宜勤洒少浇，否则插入地下部分的枝条极易发生腐烂而致死，插后 15～20 天生根，30 天可移栽上盆。

十一、虞美人

1. 生物学特性

虞美人（*Papaver rhoeas* L.）是罂粟科罂粟属一年生草本植物（见图 6-30 ～图 6-32）。花单生于茎和分枝顶端，花果期 3 ～ 8 月份。原产欧洲，中国各地常见栽培，为观赏植物。花和全株入药，含多种生物碱，有镇咳、止泻、镇痛、镇静等功效；种子含油 40% 以上。

图 6-30　虞美人植株

图 6-31　虞美人花

图 6-32　虞美人园林应用

虞美人生长发育适温 15 ～ 25℃，春夏温度高地区花期缩短，昼夜温差大。夜间低温有利于生长开花，在高海拔山区生长良好，花色更为艳丽。耐寒，怕暑热，喜阳光充足的环境，喜排水良好、肥沃的沙壤土。不耐移栽，忌连作与积水。能自播。

2. 播种繁殖

虞美人主要采用播种繁殖，通常做 2 年生栽培。虞美人花及同属植物均为直根性，须根很少，极不耐移植，所以使用直播繁殖，如果需要供园林布置时，最好用营养钵或小纸盆育苗，连钵或盆移植，否则很难成活或生长不良。根据气候特点决定播种期，东北地区较寒冷，可于春季尽早萌动。种子细小，播种要精细，采用条播，行距 25～30cm，严冬时在表面覆盖干草防寒。种子发芽的适宜温度为 20℃。家庭可直播于花盆内。

虞美人也可以采用露地直播。秋播一般在 9 月上旬，花期为次年的 5～6 月份。但也可春播，即在早春土地解冻时播种，多采用条播，花期 6～7 月份。苗距秋播者 20～30cm，春播者 15～25cm，发芽适温为 15～20℃，播后约 1 周后出苗，因种子很小，苗床土必须整细，播后不覆土，盖草保持湿润，出苗后揭盖。因虞美人种子易散落，种过 1 年后的环境可不再播种，原地即会自生无数小苗。

十二、三色堇

1. 生物学特性

三色堇（*Viola tricolor* L.）是堇菜科堇菜属二年或多年生草本植物（见图 6-33～图 6-35）。三色堇是欧洲常见的野花物种，也常栽培于公园中，是冰岛、波兰的国花。花朵通常每花有紫、白、黄三色，故名三色堇。三色堇以露天栽种为宜，无论花坛、庭园、盆栽皆适合，但不适合室内种植。

较耐寒，喜凉爽，喜阳光，在昼温 15～25℃、夜温 3～5℃的条件下发育良好。忌高温和积水，耐寒抗霜，昼温若连续在 30℃以上，则花芽消失或不形成花瓣；昼温持续 25℃时，只开花不结实，即使结实，种子也发育不良。根系可耐 -15℃低温，但低于 -5℃叶片受冻、边缘变黄。日照长短比光照强度对开花的影响大，日照不良时开花不佳。喜肥沃、排水良好、富含有机质的中性壤土或黏壤土，pH 为 5.4～7.4。为多年生花卉，常作二年生栽培。

2. 播种繁殖

播种宜采用较为疏松的人工基质，可采用床播、箱播，有条件的可穴盘育苗，基质要求 pH 为 5.5 ～ 5.8，经消毒处理，播种后保持介质温度 18 ～ 22℃，避光遮阴，5 ～ 7 天陆续出苗。5 ～ 7 天胚根展出，播种后必须始终保持基质湿润，需覆盖粗蛭石或中沙，覆盖以不见种子为度。三色堇种子发芽经常会很不整齐，出苗时间前后可相差1周，在这段时间内充分保持土壤介质湿润。具有 2 ～ 3 枚真叶时，假植于育苗盆中，追肥 1 ～ 2 次，具有 5 ～ 7 枚再移植栽培。

图 6-33　三色堇植株

图 6-34　三色堇花

图 6-35　三色堇园林应用

3. 扦插繁殖

以 5 ～ 6 月份进行，剪取植株基部萌发的枝条，插入泥炭中，保持空气湿润，插后 15 ～ 20 天生根，成活率高。

4. 分株繁殖

常在花后进行，将带不定根的侧枝或根茎处萌发的带根新枝剪下，开花枝条不能作插穗，扦插后 2 ～ 3 周即可生根，成活率很高，可直接盆栽，并放半阴处恢复。

十三、羽衣甘蓝

1. 生物学特性

羽衣甘蓝（*Brassica oleracea* L. var.*acephala* f. *tricolor* Hort.）是十字花科芸苔属二年生草本植物（见图 6-36 ～图 6-38）。羽衣甘蓝是食用甘蓝（卷心菜）的园艺变种。羽衣甘蓝的观赏品种很多，叶片形态美观多变，色彩绚丽如花。其中心叶片颜色尤为丰富，整个植株形如牡丹。观赏性极高，主要观赏期为冬季。千粒重 4g 左右。

喜冷凉气候，极耐寒，不耐涝。可忍受多次短暂的霜冻，耐热性也很强，生长势强，栽培容易，喜阳光，耐盐碱，喜肥沃土壤。生长适温为 20 ～ 25℃，种子发芽的适宜温度为 18 ～ 25℃。对土壤适应性较强，而以腐殖质丰富的肥沃沙壤土或黏质壤土最宜。在钙质丰富、pH 为 5.5 ～ 6.8 的土壤中生长最旺盛。

2. 播种繁殖

播种繁殖是羽衣甘蓝的主要繁殖方法，控制好播种时间是羽衣甘蓝栽培过程中的一个重要环节。播种时间一般羽衣甘蓝播种期为 7 月中旬至 8 月上旬，定植期为 8 月中下旬，用花期 11 ～ 12 月份。若播种过早，生长后期老叶即开始出现黄化，不但加大了管理难度，而且管理期延长。播种过晚，生长后期因受温度影响，出圃时叶丛冠径达不到所需规格。羽衣甘蓝播种可通过露地做畦与穴盘育苗两种方法进行。但值得注意的是，苗床应高出地面约 20cm 筑成高床，以利于在气温高、雨水多的 7 ～ 8 月份排水。

播种前搭好拱棚架，旁边预备好塑料薄膜，大雨来临前及时覆盖，以免雨水冲刷降低出苗率，造成不必要的损失。育苗基质可采用40% 草炭土和 60% 的珍珠岩做基质，在播种前先喷透基质层，将种子直接撒播于基质上，覆盖时以刚好看不见种子为宜，播种后不用再次浇水，亩用种量为 30g。出苗后保持苗床湿润，幼苗长至 5 ～ 6 片真叶时即可定植到大田。

图6-36　红紫色羽衣甘蓝　　　　　　　**图6-37　白绿色羽衣甘蓝**

图6-38　羽衣甘蓝园林应用

十四、鸡冠花

1. 生物学特性

鸡冠花（*Celosia cristata* L.）是苋科青葙属一年草本植物（见图6-39～图6-41）。夏秋季开花，花多为红色，呈鸡冠状，故称鸡冠花。原产非洲、美洲热带地区和印度。世界各地广为栽培，为普通庭院植物。另外具有很高的药用价值。每克种子1200～1300粒。

鸡冠花喜温暖、干燥和阳光充足环境。生长适温为18～24℃，开花期适温为24～26℃。冬季温度低于10℃则植株停止生长，逐渐枯萎死亡。鸡冠花耐干燥，怕水涝。尤其梅雨季雨水多，空气湿度大，对鸡冠花生长极为不利。鸡冠花喜阳光充足，植株生长健壮，叶色浓绿，花朵大，花色鲜艳。若光线不足，茎叶易徒长，叶色淡绿，花朵变小。土壤选择肥沃疏松、排水良好的沙质壤土，忌黏湿土壤。

图 6-39　凤尾鸡冠花

图 6-40　扫帚鸡冠花

图 6-41　鸡冠花园林应用

2. 播种繁殖

种子繁殖法，清明时选好地块，施足基肥，耕细耙匀，整平作畦，将种子均匀地撒于畦面，略盖严种子，踏实后浇透水；发芽适温 21～24℃，播后 10～12 天发芽，幼苗生长期以 16～18℃为宜，温度过高，幼苗易徒长。亩用种一斤。幼苗 3～4 片叶时，按行距 1 尺、株距 8 寸间苗，间下的苗可移载其他田块，移栽后一定要浇水。或幼苗 3～4 片叶时，于阴天移植盆栽，常用 10cm 盆。头状鸡冠花生长期不摘心，而穗状鸡冠花具 7～8 片叶时摘心，促进多分枝。为使鸡冠花主枝上花朵硕大，应在幼苗期及时摘去旁生腋芽。生长期每半月施肥 1 次，或用"卉友" 20-20-20 通用肥。保持土壤稍干燥，盛夏浇水需在早上、晚上，以免损伤叶片。如土壤过湿或施肥过量，都会引起植株徒长和花期延迟。花前增施 1～2 次磷钾肥，使花序色彩更鲜艳。鸡冠花基部叶片易受泥土污染而腐烂脱落，盆栽时最好在地面用地膜覆盖，防止下雨时泥土沾污叶片。

十五、蒲包花

1. 生物学特性

蒲包花（*Calceolaria crenatiflora* Car.）是玄参科蒲包花属二年生草本花卉（见图 6-42、图 6-43）。又名荷包花。其花形奇特，具二唇花冠，上唇前伸，下唇膨胀成荷包状，向下弯曲；色彩艳丽，花色丰富，分单色和复色品种，观赏价值较高，是深受大众喜爱的温室盆花。自然花期 2～5 月份，果实为蒴果，种子细小，6～7 月份成熟。

图 6-42　蒲包花植株

图 6-43　蒲包花

（1）温度　蒲包花喜凉爽、湿润、通风的环境，生长适温 15～20℃。开花后温度控制在（10±3）℃，有利于延长观赏期。越冬温度不低于 5℃，温度高于 28℃则生长不良。

（2）光照　蒲包花对光照强度有较强的适应性，在光照度为 3 万～8 万 lx 的条件下均能正常生长，在栽培过程中遮光 40%～50% 即可。对日长的反应为相对的长日植物，14h/d 的光照可促进花芽分化，在后期可通过加光的方法促进蒲包花开花整齐一致。水分和相对湿度（RH）：蒲包花对水分比较敏感。在定植阶段 RH 应在 80% 以上。应选疏松、肥沃、透气性较好的基质。调整 pH 至 6.5。

2. 播种繁殖

（1）基质　播种可采用泥炭土∶细沙＝3∶1～4∶1的基质。基质用50%的多菌灵500倍液消毒处理，提前1周处理好备用。

（2）播种时间和地点　蒲包花的生育周期为150天左右。比如，要使它在春节前开花播种的时间应为8月，但此时广州地区正处盛夏，温度高达33～35℃，播种后出苗率较低。因此，可选择异地育苗的方法，一种是在高山基地（海拔800m以上）育苗，另一种是在昆明育苗。待广州天气转凉以后，再把小苗运回广州地区上盆栽植。

（3）播种方法　由于蒲包花种子细小，播种时应采用拌沙撒播的方法。播种后轻微覆盖，用喷雾器喷少量水，放置于阴凉处遮阴、保湿。

（4）播种后的管理　播种后10天左右开始出苗。真叶长出后将小苗移到见光处，长出4～5片真叶时即可假植到营养钵（5cm×5cm）中，7～8片真叶即可定植。

目前，荷包花主要采用种子播种和组织培养技术育苗。由于种子价格较昂贵且种子细小，育苗难度较大，成苗率较低。因此，植物组织培养技术是快速繁殖荷包花的较好途径。

十六、瓜叶菊

1. 生物学特性

瓜叶菊（*Pericallis hybrida* B. Nord.）是菊科瓜叶菊属多年生草本植物，常作1～2年生栽培（见图6-44、图6-45）。别称富贵菊、黄瓜花。茎直立，株高25～60cm，有高、中、矮不同类型，全株密被柔毛，绿色带紫色条纹或紫晕。叶片大，心脏状卵形，掌状脉，叶缘具不规则锯齿和浅裂，形似黄瓜叶，故名瓜叶菊。

瓜叶菊性喜凉爽气候，冬惧严寒，夏忌高温。通常在低温温室栽培，也可冷床栽培，可耐0℃左右的低温。栽培中以夜间温度不低于5℃、白天温度不超过20℃为宜，生长适温10～15℃。室温高易引起徒长。生长期间要求光线充足、空气流通并保持适当干燥。短日照促进花芽分化，长日照促进花蕾发育。喜富含腐殖质而排水良好的沙质壤土。pH为6.5～7.5为宜。花期较长，以12月份至次年5月份。

图6-44　瓜叶菊植株

图6-45　瓜叶菊花

2. 播种繁殖

播种一般在7月下旬进行，至次年春节就可开花，从播种到开花约半年时间。也可根据所需花的时间确定播种时间，如元旦用花，可选择在前一年6月中下旬播种。瓜叶菊在日照较长时，可提早发生花蕾，但茎细长，植株较小，影响整体观赏效果。早播种则植株繁茂、花形大，所以播种期不宜延迟至8月以后。

播种盆土由园土1份、腐叶土2份、砻糠灰2份，加少量腐熟基肥和过磷酸钙混合配成。播种可用浅盆或播种木箱。将种子与少量细沙混合均匀后播在浅盆中，注意撒播均匀。播后覆盖一层细土，以不见种子为度。播后不能用喷壶喷水，以避免种子暴露出来，可以选择浸盆法或喷雾法使盆土完全湿润。盆上加盖玻璃以保持湿润，但一边应稍留空隙，通风换气。然后将播种盆置于荫棚下，或放置于冷床或冷室阴面，注意通风和维持较低温度。发芽的最适温度为21℃，约1周发芽出苗。出苗后逐步撤去遮阴物，移开玻璃，使幼苗逐渐接受阳光照射，但中午必须遮阴，2周后可进行全光照。为延长花期，可每隔10天左右盆播1次。

3. 扦插繁殖

对于重瓣不易结实的品种，也可采用扦插繁殖。瓜叶菊开花后在5～6月份，常于基部叶腋间生出侧芽，可将侧芽除去，在清洁河沙中扦插。插时可适当疏除叶片，以减小蒸腾，插后浇足水并遮阴防晒。若母株没有侧芽长出，可将茎高10cm以上部分全部剪去，以促使侧芽发生。20 ～ 30 天可生根，培育 5 ～ 6 个月即可开花。

十七、彩叶草

1. 生物学特性

彩叶草（*Coleus hybridus*）是唇形科鞘蕊花属多年生草本植物（见图 6-46 ～图 6-48）。老株可长成亚灌木状，但株形难看，观赏价值低，故多作一、二年生栽培。基本特征是唇形花和彩色叶。因其叶色美丽，是近年来园林绿化的常用花卉。

图 6-46　彩叶草植株

图 6-47　彩叶草盆栽

图 6-48　彩叶草园林应用

彩叶草适应性较强，管理较简单，温度适应范围为 10 ～ 30℃，低于 10℃时植株停滞生长，低于 5℃则植株枯死。彩叶草为喜光植物，光照充足可使叶色鲜明，但在夏季高温时应避免阳光直射，高温强光会使色素遭到破坏，引起叶绿素增加，导致植株色彩不鲜明甚至偏绿，从而影响观赏。因此夏季高温时应适当遮阴。其他季节则不能遮阴，因光线暗淡会使叶色灰暗。彩叶草叶大而薄，应保证水分供应，土壤干燥则叶面的彩色褪色，尤其夏季应保证盆土湿润，同时应经常向地面和叶面喷水，以提高空气湿度，但不能积水，积水容易使根系腐烂、叶片脱落。冬季则控制浇水，温室温度维持在15℃，保证干湿周期明显，周期要短。

2. 播种繁殖

（1）种子播前处理　彩叶草的苗期一般需要10天，要出齐则为半个月左右。若想缩短苗期，可对种子进行催芽处理。催芽就是将种子和消过毒的壤土混合均匀，喷施0.1%～0.2%的硝酸钾溶液至栽培基质湿润，然后放在21～24℃的小环境里进行催芽。待种子"露白"即长出胚根后，就可以播种了。

（2）育苗土及其消毒　用珍珠岩、砻糠配制的育苗基质最理想，过筛的腐叶土也可应用，但需经过灭菌剂消毒处理。灭菌最简单的办法是将育苗土装箱后，用沸水喷湿淋透，或者掺拌土壤杀菌剂。

（3）播种方法　把催芽或没催芽的种子仔细、均匀地撒在消毒、整平后的育苗土表，用喷雾器和清水将其表层喷湿，使种子和表土紧密结合。之后用新打开的地膜覆盖，保湿透光，育苗场所的温度要控制在21～24℃。

（4）播种后及幼苗期的管理　此期的关键是控制温度。播种至"露白"期以21～24℃为宜；"露白"期至"吐绿"期要降低2～3℃，吐绿即子叶形成；子叶展开至新叶形成期，要把温度再降2～3℃，控制在16～17℃。这样，既有利于发根，又能防止徒长，培养壮苗。湿度也是此期间的管理重点。从播种之后到"吐绿"前，育苗箱上一定要覆盖透明的地膜或玻璃来保湿。此外，还要及时更换和翻盖覆盖物，防止覆盖物内凝水并滴落在种芽上。"吐绿"后，适当打开覆盖物通风，培养壮苗。育苗盘内土壤干燥时，要及时用"坐水"法浸水，或用喷雾器补水。但不要大水勤浇，苗绝不能长期处于浸泡状态。

"吐绿"后的喷水，每次都应在其中添加浓度极低（0.1%左右）的肥料，每5天喷一次。同时，用喷雾器施用药剂，控制苗期立枯、猝倒等病害。

从第四片老叶形成到苗高 6cm 期间，可以将幼苗移入苗床，按 10cm×10cm 的株行距分株。或者移栽到 10cm×10cm 的营养钵里，培养大苗。幼苗期视培养目的决定是否摘心，若要培养出株形丰满的植株，则应摘去主干，以促进侧枝生长。若要培养成圆锥形的株形，则不必摘去主干。

3. 扦插繁殖

彩叶草非常适合扦插法繁育，尤其是无性品种系列，插后 1 周就可以生根（有性品种也不超过 2 周），2 周就可以出圃定植（有性系也不过 4 周）。一棵越冬母株，生长期经过反复不断地扦插，到 9 月初可以获得近千株新苗。扦插要点有以下几方面。

（1）早插　虽然彩叶草在 15～16℃时生根最快，但 10℃以上就可以生长。我国北方地区母株越冬的塑料大棚内，只要保温措施到位或者稍微加温，2 月份时就能使棚温达到 10℃以上，应抓住时机，尽早扦插。若使用地热线控制温度，可更早扦插。

（2）高床扦插　基质无须苛求，腐叶土、锯末、沙土、壤土、珍珠岩都可以。但做成高插床能有效防止渍涝，保持土壤的透气性，扦插生根快、成活率高。

从发育健壮母株上，剪取长度为 10cm 的枝段做插条。上面的两片叶剪去一半，下面的叶片全部抹掉。之后将插条的入土部分在生根剂溶液里按规定时间浸泡。

插后要立即支拱架、覆薄膜，强光下还要加盖遮阴网。每天早（6～7 时）、晚（17 时以后）两次打开覆盖物喷清水后再盖上；插后第三天喷一遍 800 倍百菌清。阴雨天和夜晚也可以不盖膜和网，但晴天、风天必须盖。

生根后及时撤除覆盖物和拱架；小心喷水过量造成淹涝；用 0.1% 的尿素和磷酸二氢钾混合肥水喷苗；每 5 天一遍 800 倍百菌清或多菌灵，控制苗期病害。根系形成后，及时定植。

十八、报春花

1. 生物学特性

报春花（*Primula malacoides* Franch.）是报春花科报春花属二年

生草本植物（见图6-49、图6-50）。2～5月份开花，3～6月份结果。

图6-49　报春花植株　　　　　　　图6-50　报春花开花

报春花喜温暖，稍耐寒，适宜生长温度为15℃左右，冬季室温如保持10℃，能在0℃以上越冬，夏季温度不能超过30℃，怕强光直射，故要采取遮阴降温措施。报春花性喜光，但忌强烈阳光照射，夏季幼苗期应把盆株放于阴凉通风、多见散射光处。从9月份起，可使盆株多接受些散射光照，从10月份起，可将盆株置于全光照下，使其多接受晚秋光照，促其生长和花芽分化。

2. 播种繁殖

报春花常用播种繁殖。种子发芽率40%，隔年种子很少发芽。种子细小，不易收到。我国从南到北，可在3～5月份前后，当盆中报春花开放时，疏松盆土，让种子自落于盆中。若原盆较小，可采种播种。种子可播于一作苗床的大盆内。用坐盆法使盆土湿透，盖上玻璃，略加遮阴，发芽适温15～20℃，5～6天即可出苗。出苗后，拿去玻璃，以免长成高脚苗。小苗半月要稀植。夏季注意遮阴、通风并保持适当干燥。到9月初，待苗放出真叶，即分苗上盆。幼苗出土后，长到5片真叶时，移栽在口径为10cm的小花盆内，盆底宜施少量骨粉或腐熟饼肥末。待幼苗长到一定高度时，定植在口径为16cm的花盆中。盆土宜选用腐叶土7份、园土3份，并施入少量基肥的培养土。初上盆时应注意适当遮阴，缓苗以后10～15天，施1次氮磷结合的稀薄液肥或复合化肥。生长期间浇水要见干见湿，避免盆内积水。

3. 扦插繁殖

四季报春中一些重瓣品种，常不易得到种子，因而只有用扦插或分株的方法进行繁殖。扦插在 5 ～ 6 月份进行，分株则最好在秋季。小苗上盆成活后，就让它逐渐见阳光，并施以薄肥。10 月下旬后将盆移至室内向阳处。从 11 月份起便陆续放花。

十九、凤仙花

1. 生物学特性

凤仙花（*Impatiens balsamina* L.）是凤仙花科凤仙花属一年生草本花卉（见图 6-51、图 6-52）。别名指甲花、急性子、凤仙透骨草。

凤仙花喜光，也耐阴，每天要接受至少 4h 的散射日光。夏季要进行遮阴，防止温度过高和烈日暴晒。适宜生长温度为 16 ～ 26℃，花期环境温度应控制在 10℃以上。冬季要入温室，防止寒冻。适生于疏松肥沃微酸土壤中，但也耐瘠薄。凤仙花适应性较强，移植易成活，生长迅速。

2. 播种繁殖

凤仙花用种子繁殖。3 ～ 9 月份进行播种，以 4 月份播种最为适宜，播种前，应将苗床浇透水，使其保持湿润，凤仙花的种子比较小，播下后不能立即浇水，以免把种子冲掉。再盖上 3 ～ 4mm 一层薄土，注意遮阴，约 10 天后可出苗。当小苗长出 2 ～ 3 片叶时就要开始移植，移栽不择时间，以后逐步定植或上盆培育。也可以在温室里培养发芽，但在固定种植在外面以前，必须先在夜间实行间苗。

图 6-51　凤仙花植株　　　　　　**图 6-52　凤仙花开花**

二十、石竹

1. 生物学特性

石竹（*Dianthus chinensis* L.）是石竹科石竹属多年生草本植物，常作二年生花卉（见图6-53～图6-55）。石竹花因其茎具节，膨大似竹，故名。花期5～6月份，果期7～9月份。是常见的园林花卉。石竹全草可入药，有清热利尿的功效。

图6-53　石竹植株

图6-54　石竹开花

图6-55　石竹园林应用

石竹性耐寒、耐干旱，不耐酷暑，夏季多生长不良或枯萎，栽培时应注意遮阴降温。喜阳光充足、干燥、通风及凉爽湿润气候。要求肥沃、疏松、排水良好及含石灰质的壤土或沙质壤土，忌水涝，好肥。

2. 播种繁殖

播种繁殖一般在 9 月份进行。播种于露地苗床，播后保持盆土湿润，播后 5 天即可出芽，种子发芽最适温度为 21～22℃。10 天左右即出苗，苗期生长适温 10～20℃。当苗长出 4～5 片叶时可移植，翌春开花。也可于 9 月份露地直播或 11～12 月份冷室盆播，翌年 4 月份定植于露地。

3. 扦插繁殖

扦插繁殖在 10 月份至翌年 2 月下旬到 3 月份进行，枝叶茂盛期剪取嫩枝 5～6cm 长作插条，插后 15～20 天生根。

插条的前一天，先给干燥的花地浇透水。选择健康、叶片强健的枝条，不选结苞开花的枝条。去除枝条下部的叶子，保留最强健的部位。从节点（叶环）下方修剪。把插条插入花盆、育种盘或者混合插条培育土中，保持湿润。正常情况下 3 周内生根，椰壳纤维混合培养土中生长最好。插条生根之后，给主芽打尖促发新芽，早晨是最佳打尖时间。

二十一、酢浆草

1. 生物学特性

紫叶酢浆草（*Oxalis triangularis*）是酢浆草科酢浆草属多年生宿根草本（见图 6-56～图 6-58）。也叫红叶酢浆草、三角酢浆草、紫叶山本酢浆草，花期 4～11 月份。园林绿化常用植物。

紫叶酢浆草喜温暖凉爽的气候，生长最适宜温度为 16～22℃。不耐寒，在温度低于 10℃时植株停止生长，5℃以下时叶片会受寒害，0℃时叶片枯萎。不耐高温，气温超过 35℃时，叶片易卷曲枯黄，生长缓慢并进入休眠。喜充足阳光，能在全日照和半日照条件下生长，春、秋季应充分接受阳光，忌过于荫蔽的环境。5～9 月份应进行遮阴，遮去光照的 50% 左右，否则会发生日灼现象。耐干旱，但喜湿润土壤。

2. 分株繁殖

分株繁殖全年都可进行，但以春、秋季为好。用手将大株掰开分成数丛，然后分别种植。叶片多时可摘去一些，也可不带叶种植，没有叶片的球茎，可在短时期内长出新叶。球茎上有许多芽眼，可将根

花卉育苗技术手册

茎切成小块，每小块需留有不少于 3 个以上的芽眼，置于沙床后保持室温 13 ～ 18℃，可很快生根长叶，并长成新的植株。由于萌芽力极强，能在短时期内形成丰满的植株。

3.播种繁殖

播种繁殖在春季进行。因种子小，宜室内盆播。播后在盆口罩上塑料薄膜或盖玻璃保湿，维持 15 ～ 20℃的发芽适宜温度，播后经 10 ～ 12 天发芽。

图 6-56　酢浆草植株　　　　　　**图 6-57　酢浆草花**

图 6-58　酢浆草园林应用

二十二、蜀葵

1.生物学特性

蜀葵［*Althaea rosea*（Linn.）Cavan.］是锦葵科蜀葵属二年生直立草本植物（见图 6-59 ～图 6-61）。别名一丈红、大蜀季、戎葵。由于它原产于中国四川，故名曰"蜀葵"。从该花中提取的花青素可做食品的着色剂。全草入药，有清热止血、消肿解毒之功，可治吐血、血崩等症。茎皮含纤维可代麻用。世界各国均有栽培供观赏用途。

图6-59　蜀葵植株

图6-60　蜀葵花

图6-61　蜀葵园林应用

蜀葵喜阳光充足，耐半阴，但忌涝。耐盐碱能力强，在含盐0.6%的土壤中仍能生长。耐寒冷，在华北地区可以安全露地越冬。在疏松肥沃、排水良好、富含有机质的沙质土壤中生长良好。

2. 播种繁殖

依蜀葵种子多少，可播于露地苗床，再育苗移栽，也可露地直播，不再移栽。南方常采用秋播，通常宜在9月份秋播于露地苗床，发芽整齐。而北方常以春播为主。蜀葵种子成熟后即可播种，正常情况下种子约7天就可以萌发。蜀葵种子的发芽力可保持4年，但播种苗2～3年后就出现生长衰退现象。露地直接播种，如果适当结合阴雨天移栽，既可间苗，又可一次种花多年受益。

3. 分株繁殖

蜀葵的分株在秋季进行，适时挖出多年生蜀葵的丛生根，用快刀切割成数小丛，使每小丛都有两三个芽，然后分栽定植即可。春季分株稍加强水分管理。扦插花后至冬季均可进行。

二十三、羽扇豆

1. 生物学特性

羽扇豆（*Lupinus micranthus* Guss.）是豆科羽扇豆属二年生草本植物（见图6-62～图6-64）。羽扇豆俗称鲁冰花，花序挺拔、丰硕，花色艳丽多彩，有白、红、蓝、紫等变化，而且花期长，可用于片植或在带状花坛群体配植，同时也是切花生产的好材料。3～5月份开花，4～7月份结果。原产北美地区，多生长于沙地的温带地区。园艺栽培品种较多。

图6-62　羽扇豆植株　　　　　**图6-63　羽扇豆花**

图6-64　羽扇豆园林应用

羽扇豆较耐寒（-5℃以上），喜气候凉爽、阳光充足的地方，忌炎热，略耐荫，需肥沃、排水良好的沙质土壤。根系发达、耐旱，最适宜沙性土壤，利用磷酸盐中难溶性磷的能力也较强。多雨、易涝地区和其他植物难以生长的酸性土壤上仍能生长；但石灰性土壤或排水不良常致生长不良。可忍受 0℃ 的气温，但温度低于 -4℃ 时冻死；夏季酷热也抑制生长。

2. 播种繁殖

播种繁殖于秋季进行，在 21～30℃ 发芽整齐。羽扇豆生产中多以播种繁殖，春秋播均可，3 月份春播，但春播后生长期正值夏季，受高温炎热影响，可导致部分品种不开花或开花植株比例低、花穗短，观赏效果差。自然条件下秋播较春播开花早且长势好，9 月份至 10 月中旬播种，花期为翌年 4～6 月份。72 孔或 128 孔穴盘点播、覆盖。育苗土宜疏松均匀、透气保水，专用育苗土或是草炭土、珍珠岩混合使用为好。种子较大，普通或包衣处理，约 40 粒/克。发芽适温 25℃ 左右，保证介质湿润，7～10 天种子出土发芽，发芽率高。

第二节
宿根花卉育苗技术

一、芍药

1. 生物学特性

芍药（*Paeonia lactiflora* Pall.）是芍药科芍药属多年生草本花卉（见图 6-65～图 6-67）。别名将离、离草、花中宰相。芍药花瓣呈倒卵形，花盘为浅杯状，花期 5～6 月份，一般独开在茎的顶端或近顶端叶腋处，原种花白色，花瓣 5～13 枚。园艺品种花色丰富，有白、粉、红、紫、黄、绿、黑和复色等，花径 10～30cm，花瓣可达上百枚。是中国传统的名贵花卉之一。

芍药具有喜光、喜温、喜肥和一定的耐寒特性。在年均温 14.5℃、7 月均温 27.8℃、极端最高温 42.1℃ 的条件下生长良好。在一年当中，随着气候节律的变化，芍药植株产生阶段性发育变化，主要表现为生长期和休眠期的交替变化。其中以休眠期的春化阶段和生长期的光照阶段最为关键：芍药的春化阶段，要求 0℃ 温度下，经过 40 天左右才能完成，然后混合芽方可萌动生长。芍药属长日照植物，花芽要在长日照下发育开花，混合芽萌发后，若光照时间不足，或在短日照条件下通常只长叶不开花或开花异常。芍药根为肉质根，怕涝，喜土层深厚、排水良好而较肥沃的沙壤土，在黏土及沙土中也能生长，但低洼、盐碱、排水不畅地易烂根。芍药喜肥。

图 6-65　芍药植株

图 6-66　芍药花

图 6-67　芍药园林应用

2. 分株繁殖

　　芍药传统的繁殖方法有分株、播种、扦插、压条等。其中以分株法最为易行，被广泛采用。播种法仅用于培育新品种、生产嫁接牡丹的砧木和药材生产。

分株法是芍药最常用的繁殖方法，芍药产区的苗木生产，基本采用此法繁殖。其优点有三：一是比播种法提早开花，播种苗4～5年开花，而分株苗隔年即可开花；二是分株操作简便易行，管理省工，利于广泛应用；三是可以保持原品种的优良性状。缺点是繁殖系数低，三年生的母株，只能分3～5个子株，很难适应和满足现代化大生产及不断飞速增长的国内外花卉市场的需要。

（1）分株时间　芍药的分株，理论上讲，从越冬芽充实时到土地封冻前均可进行，各地温度不一样，分株早晚各不同。中国农谚有"春分分芍药，到老不开花"之说。芍药分株适期一般较牡丹为早，菏泽的农谚"七月芍药，八月牡丹（指农历月份）"，是说在菏泽，从8月底芍药就可以分株了，直至9月下旬（处暑至秋分）。而扬州在9月下旬到11月上旬分株。分株苗经三四年生长又可再次分株。年久不分，会因根系老朽，植株生长衰弱，开花不良。

（2）分株方法　分株时细心挖起肉质根，尽量减少伤根，挖起后，去除宿土，削去老硬腐朽处，用手或利刀顺自然缝隙处劈分。一般每株可分3～5个子株，每子株带3～5个或2～3个芽；母株少而栽植任务大时，每子株也可带1～2芽，不过恢复生长要慢些，分株时粗根要予以保留。若土壤潮湿，芍药根脆易折，可先晾一天再分，分后稍加阴干，蘸以含有养分的泥浆即可栽植。

（3）分株后管理　栽植深度以芽入土2cm左右为宜，过深不利于发芽，且容易引起烂根，叶片发黄，生长也不良，过浅则不利于开花，且易受冻害，甚至根茎头露出地面，夏季烈日暴晒，导致死亡。如果分株根丛较大（具3～5芽），第二年可能有花，但形小，不如摘除使植株生长良好。根丛小的（具2～3芽），第二年生长不良或不开花，一般要培养2～5年。

3. 播种繁殖

芍药必须当年采种即及时播种，如菏泽地区于8月下旬至9月下旬播种，若迟于9月下旬，则当年不能生根，次年春天发芽率会大大降低；而且，即使出苗，因幼苗根系不发达，难以抵抗春季的干旱，容易死亡。所以，菏泽几次进行春播试验，均告失败。

（1）种子处理　播种前，要将待播的种子除去瘪粒和杂质，再用水选法去掉不充实的种子。芍药种子种皮虽较牡丹薄，较易吸水萌芽，但播种前若行种子处理，则发芽更加整齐，发芽率大为提高，常达 80% 以上。方法是用 50℃温水浸种 24h，取出后即播。

（2）整畦播种　播种育苗用地要施足底肥，深翻整平。若土壤较为湿润适于播种，可直接作畦播种；若墒情较差，应充分灌水，然后再作畦播种。畦宽约 50cm，畦间距离 30cm，种子按行距 6cm、粒距 3cm 点播；若种子充足，可行撒播，粒距不小于 3cm；播后用湿土覆盖，厚度约 2cm。每亩用种约 50kg，撒播约 100kg。播种后盖上地膜，于次年春天萌芽出土后撤去。也可行条播，条距 40cm，粒距 3cm，覆土 5 ～ 6cm；或行穴播，穴距 20 ～ 30cm，每穴放种子 4 ～ 5 粒，播后堆土 10 ～ 20cm，以利防寒保墒。于次年春天萌芽前耙平。

二、萱草

1. 生物学特性

萱草［*Hemerocallis fulva*（L.）L.］是萱草科萱草属多年生宿根草本植物（见图 6-68 ～图 6-70）。具短根状茎和粗壮的纺锤形肉质根。萱草别名众多，有"金针""黄花菜""忘忧草"等名，当食用时，多被称为"金针"（golden needle）。其叶形为扁平状的长线形，与地下茎有微量的毒，不可直接食用。花形则是开花期长出的细长绿色的开花枝，花色橙黄，花柄很长，呈百合花一样的筒状。全国各地均有栽培，是常见的园林花卉。

图 6-68　萱草植株

图 6-69　萱草花

图 6-70　萱草园林应用

　　萱草耐瘠、耐旱，对土壤要求不严，对光照适应范围宽。地上部分进入秋季就黄枯，地下部分耐 -10℃低温，一般地域都可安全过冬。但是忌土壤过湿特别是积水。叶片生长适宜温度为 15 ～ 20℃，开花期要求比较高的温度，以 20 ～ 25℃较为适宜。

　　2. 分株繁殖

　　分割萱草丛块是最常用的繁殖方法。该方法操作简单，植株容易存活，长势比较一致。

　　分株多在春季萌芽前或秋季落叶后进行。分株时挖取株丛的一部分分蘖作为种苗，挖取部分要带根，从短缩茎处割开，将老根、朽根和病根剪除，尽量保留肉质根，适当剪短（约留 10cm）后即可栽植。栽植应选在晴天进行，边挖苗、边分苗、边栽苗，尽量少伤根，这样缓苗快。或将母株丛全部挖出，重新分栽，一般每个母株可分生 3 ～ 4 株，个别品种，例如"金金娃"可分生 6 ～ 7 株。一般 2 ～ 3 年分株一次，以保证植株旺盛的生长势。

　　3. 播种繁殖

　　播种是快速大量生产种苗的方法，但因种子发芽率低，需先浸种发芽，播后一年才可定植。苗床要先施足底肥，床宽 1.3 ～ 1.7m，长30m 左右，两侧挖排水沟。播种时每隔 20cm 开深约 3cm 的浅沟，把种子均匀地播入沟内，盖一层细土，再薄铺一层细沙。出苗前要浇水和除草，保持好土壤湿度，秋季即可起苗栽植。每亩苗床用种子2.5kg，可育苗 5 万～ 6 万株。

4. 分芽繁殖

分芽指大花萱草花茎上小的植株。花芽可以从花茎上切割下来，若体积较大，在种植前可以进一步分割。移植后的花芽在1周后即可生根。可以利用生根的花芽繁殖植株，提高栽植的数量，最终提高经济效益。

三、薰衣草

1. 生物学特性

薰衣草（*Lavandula angustifolia* Mill.）是唇形科薰衣草属多年生草本植物（见图6-71、图6-72）。又名香水植物、灵香草、香草、黄香草、拉文德。原产于地中海沿岸、欧洲各地及大洋洲列岛，后被广泛栽种于英国及南斯拉夫。其叶形花色优美典雅，蓝紫色花序颀长秀丽，是庭院中一种新的多年生耐寒花卉，适宜花径丛植或条植，也可盆栽观赏。

薰衣草具有很强的适应性。成年植株既耐低温，又耐高温，在收获季节能耐高温40℃左右。陕西黄龙地区，薰衣草植株安全露地越冬在 -21℃；新疆地区，经埋土处理、积雪覆盖可耐 -37℃低温。幼苗可耐受 -10℃的低温。薰衣草在翌年生长发育过程中，平均气温在8℃左右，开始萌动需10～15天；平均气温在12～15℃，植株枝条开始返青伸长需20天；平均气温在16～18℃，开始现蕾需25～30天；平均气温在20～22℃，开始开花；平均气温在26～32℃，是结实期。

薰衣草是一种性喜干燥、需水不多的植物，年降雨量在600～800mm比较适合。返青期和现蕾期，植株生长较快，需水量多；开花期需水量少；结实期水量要适宜；冬季休眠期要进行冬灌或有积雪覆盖。所以，一年中理想的雨量分布是春季要充沛、夏季适量、冬季有充足的雪。

薰衣草属长日照植物，生长发育期要求日照充足，全年要求日照时数在2000h以上。植株若在阴湿环境中，则会发育不良、衰老较快。

薰衣草根系发达，喜土层深厚、疏松、透气良好且富含硅钙质的肥沃土壤。酸性或碱性强的土壤及黏性重、排水不良或地下水位高的地块，都不宜种植。

图 6-71　薰衣草花

图 6-72　薰衣草园林应用

2. 扦插繁殖

薰衣草主要以扦插繁殖为主，它可以保持母本的优良品质。扦插适应性较强，春季、秋季都可进行。一般选用无病虫害的健康植株顶芽（5～10cm）或较嫩、没有木质化的枝条扦插，扦插时将底部2节的叶片摘除，然后用"根太阳"生根剂100倍液浸一浸，处理过后扦入土中2～3周就会生根。扦插的介质可用河沙与椰糠按2：1的比例混合均匀，装进5cm×10cm的穴盘里进行扦插。扦后将苗放在通风凉爽的环境里，前3天保持土壤湿润，以后视天气而定，保证枝条不蔫叶、干枯，提高成活率。扦插苗的管理比较方便，整个苗期都不用施肥，生产上采用较多。

3. 播种繁殖

播种育苗，繁殖快、根系发达、幼苗健壮，但变异性大，是选种的良好材料。种子应选大小均匀、籽粒饱满、有棕褐色光泽的。播种前要进行晒种，30℃温水浸种 12 ～ 24h，浓硫酸浸种 5min，用水清洗晾干后进行播种。在 4 月可用种子播种繁殖，种子发芽的最低温度为 8 ～ 12℃，最适温度为 20 ～ 25℃，5 月进行定植，但薰衣草种子繁殖变异较大且种子价格较高。

四、黑心金光菊

1. 生物学特性

黑心金光菊（*Rudbeckia hirta* L.）是菊科金光菊属多年生草本植物，常作一二年生栽培（见图 6-73 ～图 6-75）。又名黑心菊。花心隆起，紫褐色，周边瓣状小花金黄色。花期自初夏至降霜。栽培变种花有铜棕色、栗褐色，重瓣和半重瓣类型。花心有橄榄绿的"爱尔兰眼睛"，及花序径大至 15cm 的四倍体，花色除黄色外，有红花和双色。常作园林绿化用。

露地适应性很强，较耐寒，很耐旱，不择土壤，极易栽培，应选择排水良好的沙壤土及向阳处栽植，喜向阳通风的环境。

黑心菊喜温暖、阳光充足、空气流通的栽培环境。植株生长期最适温度为 20 ～ 25℃，白天不超过 26℃，夜间在 10 ～ 15℃以上。在适宜的温度下，植株可以不休眠而继续生长开花。冬季由于光照不足而应增强光照，夏季由于光照过强而适当遮光，并通过遮阴而降温，防止因高温而引起休眠。

2. 播种繁殖

黑心菊的播种时间一般在春、秋两季。春季 3 月和秋季 9 月为自然生长的最佳播种时间。播种时间与它的自然花期关系密切，春季 3 月播种，6 ～ 7 月开花，秋季 9 月播种，11 月定植上盆，翌年春季开花（5 ～ 6 月）。为保证其植株健壮、花大色艳，应于播种后长出 4 ～ 5 片叶时进行一次移植。11 月份定植。可露地越冬。

3. 分株繁殖

春、秋两季均可进行，一般对多年生老株进行分株。通常 3 年分株一次，一般在 4 ～ 5 月把温室促成栽培的老植株挖出切分，每株带叶 4 ～ 5 片，另行栽植即可。

4. 扦插繁殖

一般选择根部萌生的新芽做插穗，春季或秋季均可进行。春季应待萌芽抽生至 15cm 左右时进行，秋季于花后根际萌蘖后进行。

图 6-73　黑心菊植株

图 6-74　黑心菊花

图 6-75　黑心菊园林应用

五、金鸡菊

1. 生物学特性

金鸡菊（*Coreopsis basalis*）是菊科金鸡菊属多年生宿根草本植物（见图 6-76 ～图 6-78）。别名小波斯菊、金钱菊、孔雀菊。二年生的金鸡菊，在早春 5 月底至 6 月初就会开花，花期延续到 10 月中旬。

金鸡菊耐旱，耐寒，也耐热，生长适温为 15 ～ 20℃；金鸡菊喜欢阳光直射，在过阴的环境中易徒长。对土壤要求不严，喜欢肥沃、湿润、排水良好的沙质壤土；对二氧化硫有较强的抗性。金鸡菊栽培容易，常能自行繁衍。

2. 播种繁殖

早春在室内盆播。通常选用直径 30cm、深度为 5cm 的播种盆或木箱，用碎瓦片盖住排水孔，然后依次加入粗沙砾 1/3、粗粒培养土 1/3、播种用土 1/3。然后，用木条将土面压实摊平，且使土距盆沿 1cm。用"盆浸法"将盆土浸透后，将盆提出，等到水分全部渗入后再进行播种。播种时，将种子袋打开，直接将种子均匀地撒入盆内；或将种子拌入细沙，再均匀地撒入盆内。播后覆一层薄的细土，然后将盆面盖以玻璃，再在玻璃上盖上报纸，以减少水分的蒸发。种子出芽前，要保持土壤湿润，不可使苗床忽干忽湿或过干过湿。早、晚宜将玻璃掀开数分钟，通风透气，白天盖好。种子发芽出土后，需将覆盖物及时除去，逐步见光，待长出 1～2 片真叶时，即行移植。

图6-76　金鸡菊植株

图6-77　金鸡菊花

图6-78　金鸡菊园林应用

六、松果菊

1.生物学特性

松果菊〔*Echinacea purpurea*（Linn.）Moench〕是菊科松果菊属多年生草本植物（见图6-79～图6-81）。别名紫松果菊，又名紫锥花，是一种菊科野生花卉，因头状花序很像松果而得名。它的形状与普通菊花有些相似，花朵较大，色彩艳丽，外形美观，具有很高的观赏价值，是庭院、公园、街头绿地和街道绿化美化、节日摆花不可缺少的花卉品种之一，全国各地均有栽植。松果菊还具有非常高的药用价值，是目前主要用于治疗感冒、咳嗽、上呼吸道感染等疾病的一种草药。花期6～7月份。

松果菊稍耐寒，喜生于温暖向阳处，喜肥沃、深厚、富含有机质的土壤。

2.播种繁殖

有春播、夏播和秋播三种。下面我们就以秋季9月播种育苗为例介绍松果菊育苗技术。

（1）整地施肥　进行松果菊育苗时，先在选好的地块上施足底肥，一般每亩施入腐熟过的鸡粪、牛粪和圈肥等1500～2000kg。把肥料撒匀后，我们再将地块深翻30cm左右，用耙子将地块整平耙细后，做成宽度为150～200cm的畦。最后再用耙子将畦面耙细就可以播种了。

（2）种子处理　播种前先将种子进行浸种催芽和消毒处理。将种子放入盆中，然后加入35～40℃的温水，轻轻搅拌使所有种子浸泡在水中，2～3h后，再把种子放入800～1000倍的高锰酸钾溶液中，进行15min左右的消毒处理。接下来把种子捞出来，均匀地摊放在报纸上，晾晒1～2h后就可以进行播种了。

（3）播种方法　松果菊育苗一般采用撒播的方式进行。播种时，先在盆中装上些细土，然后用手将种子与细土拌匀。接下来把种子均匀地撒在畦内，松果菊的种子较小，一般每亩撒播3～5kg就可以了。接下来，再用耙子搂盖一遍，最后浇一次透水。注意要用小水漫灌，以免将种子冲积在一起，发生出苗不均匀的现象。浇水后7～10天小苗就破土而出，15天后小苗就能出齐了。

（4）苗期管理　松果菊幼苗前期需水量较少，一般不需要浇水，保持土壤湿润就行。当幼苗长有 2 ～ 3 片真叶时，开始浇水，一般每15 ～ 20 天浇水一次，就能满足它的生长需要。苗期如遇连阴雨天，还要注意防洪排涝。对那些比较密集的幼苗进行间苗，间苗时，苗与苗之间留 2 ～ 4cm 的距离就可以。

（5）防寒越冬　进入 11 月北方地区气温偏低，需要对幼苗采取防寒措施，以确保安全越冬。具体方法是：入冬前先浇一次防冻水，浇水后 2 ～ 3 天内要加盖塑料布进行保温，一般情况下盖上这一层就可以了；如遇寒流时，应适当再加盖一些柴草或草苫进行保温。最后，用土压好覆盖物的边缘，防止被风吹起。等到来年春季随着气温的回升，4 月初就可以揭去覆盖，起苗移栽。

图 6-79　松果菊植株

图 6-80　松果菊花

图 6-81　松果菊园林应用

七、花毛茛

1. 生物学特性

花毛茛［*Ranunculus asiaticus*（L.）Lepech.］是毛茛科花毛茛属多年生草本花卉（见图6-82～图6-84）。别名芹菜花、陆莲花。花色丰富，多为重瓣或半重瓣，花型似牡丹花，但较小，花直径一般为8～10cm；叶似芹菜的叶，故常被称为芹菜花。中国在20世纪90年代开始从荷兰、日本等引种，作为切花、盆栽和春季花卉展览用花。

图6-82　花毛茛植株

图6-83　花毛茛花

图6-84　花毛茛园林应用

花毛茛喜凉爽，忌炎热，适宜的生长温度白天20℃左右，夜间7～10℃；花毛茛不耐强光，喜半阴环境，是相对长日照植物，所以长日照条件能促进花芽分化，花期提前，营养生长提早终止，提前开始形成球根。短日照条件下，花期推迟，但能促进多发侧芽，增大冠幅，增多花量，进一步提高盆花品质。生产上要根据实际需求情况进行长、短日照调控以达到花期提前或推迟的目的。既怕湿又怕旱，宜种植于排水良好、肥沃疏松的中性或偏碱性土壤。6月后块根进入休眠期。盆栽要求富含腐殖质、疏松肥沃、通透性能强的沙质培养土。

2. 播种繁殖

生产中常用播种法生产花毛茛商品球根，然后用球根生产成品花毛茛以提高花毛茛盆花栽培效益。

花毛茛具有多种花色，要根据各花色的市场销售比例确定种植比例，正常播种期为10月中旬到11月中旬。将花毛茛种子放入水中24h后捞出，放在纱布上包好，然后置于恒温箱中催芽，适温15℃左右，每天早、晚取出用清水各漂洗1次，然后滴干水分，使种子保持湿润状态。催芽后7天左右，部分种子开始发芽，此时立即播种。待发芽的种子适当干燥后放入适量黄沙拌匀，然后撒播均匀，播量 $2 \sim 3g/m^2$。盖土用泥炭和珍珠岩按1:1拌匀，厚度以 0.2 ～ 0.3cm 为宜。苗床要排水良好，通常选择通风透光良好、空气相对湿度较高的保护地。苗床用国产泥炭（东北草炭）与珍珠岩按3:1拌匀、铺平，然后浇足水，在上面铺一层基质（进口泥炭：珍珠岩＝1:1）。基质 pH 6.0 ～ 7.5，EC 值（含盐量）为 0.5 ～ 0.7。苗床常会受到风、雨等气象灾害和病虫害等的侵扰，所以要加强对苗床的保护力度。使用一些辅助保护材料，如防虫网、遮阳网及塑料薄膜等，加强管理，密切关注天气情况，加强检查预防，有效避免不必要的损失。播种后5 ～ 7天出苗，注意保持基质湿度，及时补水，保证顺利出苗。待花毛茛幼苗长到3 ～ 4片真叶时进行定植，时间在12月中旬至1月中旬。

3. 分株繁殖

盆栽花毛茛以分株繁殖为主，通常在9 ～ 10月进行。留盆休眠度夏的块根挖出后，抖去泥土，用手顺其自然长势掰开。每个分离部分必须带有一段根颈，且有1 ～ 2个新芽，3 ～ 4个小块根。随后放入 1% $KMnO_4$ 溶液中浸泡3 ～ 5min消毒灭菌，稍晾干后栽植。离盆休眠度夏的块根，为防止块根腐烂、保证出芽整齐，消毒后要进行催芽处理。选阴凉、通风、避雨处，铺一层 5cm 厚的干净湿河沙，将块根倒插在湿沙中，只埋入萌芽部位，其余部分露出。经常喷冷水，保持河沙不干燥、不积水；同时每周喷洒一次 50% 多菌灵可湿性粉剂 800 倍液进行消毒，防止块根腐烂。块根在低温下缓慢吸水膨大后，约 20 天，芽萌动如米粒且生出新根时栽植。栽植不宜过深，埋住根颈部位即可。过深不利于出叶，过浅不利于发根。出苗前控制浇水，保持土壤湿润，齐苗后再逐渐增加浇水量。

八、非洲菊

1. 生物学特性

非洲菊（*Gerbera jamesonii* Bolus）是菊科大丁草属多年生草本植物（见图 6-85 ～图 6-87）。别名太阳花、猩猩菊、日头花等。顶生花序，花朵硕大，花色分别有红色、白色、黄色、橙色、紫色等，花色丰富，管理省工。非洲菊原产南非，现在各地广为栽培，在温暖地区能常年供应，是现代切花中的重要材料，供插花以及制作花篮，也可作盆栽观赏。每克种子约 8400 粒。

非洲菊适应温和气候，耐热、稍耐寒，喜冬季温暖、夏季凉爽、空气流通、阳光充足的环境。生长适温白天为 20 ～ 25℃，夜间 16℃左右。开花适温不低于 15℃，白天不超过 26℃的生长环境可全年开花。冬季休眠期适温为 12 ～ 15℃，低于 7℃时停止生长。属半耐寒性花卉，可忍受短期的 0℃低温。非洲菊为喜光花卉，冬季需全光照，但夏季应注意适当遮阴，并加强通风，以降低温度，防止高温引起休眠，对光周期的反应不敏感，自然日照的长短对花数和花朵质量无影响。喜肥沃疏松、排水良好、富含腐殖质的沙质壤土，忌黏重土壤，宜微酸性土壤，生长最适 pH 为 6.0 ～ 9.0。

2. 播种繁殖

常采用育苗盘播种，极轻微地覆些细粒蛭石，或仅在播种后略压实，以保证足够的湿润。发芽温度 21 ～ 24℃，7 ～ 10 天出苗，幼苗极其细弱，因此如保持较高的温度，小苗生长很快，便能形成较为粗壮、肉质的枝叶。这时小苗可以直接上盆，采用直径 10cm 左右的盆，每盆种植 2～5 株，成活率高，生长迅速。

3. 分株繁殖

分株一般在 4～5 月进行。将老株掘起切分，每年每株仅可分出 5～6 个新株，每个新株应带 4～5 片叶，另行栽植。栽时不可过深，以根颈部略露出土为宜。

4. 扦插繁殖

将健壮的植株挖起，截取根部粗大部分，去除叶片，切去生长点，保留根颈部，并将其种植在种植箱内。环境条件为温度 22～24℃，空气相对湿度 70%～80%。以后根颈部会陆续长出叶腋芽和不定芽形成插穗。一个母株上可反复采取插穗 3～4 次，一共可采插穗 10～20 个。插穗扦插后 3～4 周便可长根。扦插的时间最好在 3～4 月份，这样产生的新株当年就可开花。

图 6-85　非洲菊植株

图 6-86　非洲菊花

图 6-87　非洲菊园林应用

九、香石竹

1. 生物学特性

香石竹（*Dianthus caryophyllus* L.）是石竹科石竹属多年生草本植物（见图 6-88～图 6-90）。又名康乃馨，花期 5～8 月，是常见的切花之一。

图 6-88　香石竹植株

图 6-89　香石竹花

图 6-90　香石竹园林应用

香石竹喜凉爽，不耐炎热，可耐受一定程度的低温。若夏季气温高于 35℃，冬季低于 9℃，生长均十分缓慢甚至停止。在夏季高温时期，应采取相应降温措施，冬季则需盖塑料薄膜或置入温室，以保持适当的温度。香石竹属中日照植物，喜阳光充足。香石竹根系为须根系，土壤或介质长期积水或湿度过高、叶片表面长期高温，均不利于其正常生长发育。因此提倡滴灌，另外还应注意水质及水分含盐量的问题。香石竹喜保肥、通气和排水性能良好的土壤，其中以重壤土为好。适宜其生长的土壤 pH 值是 5.6～6.4。

2. 扦插繁殖

扦插时间一般应避开炎热夏季（7～8 月份），采用颗粒较大的珍珠岩作为扦插基质。选择无病虫害、生长健壮、节间紧密的植株，并具有 3～4 对展开叶、1 对未展开叶。插穗的采取一般与对香石竹的疏芽同时进行。采插穗应按标准进行，采穗时用手掰芽而不用剪刀剪，以免病毒交叉感染。基部要略带主干皮层，但不损伤母枝，保留插穗顶端叶片 4～5 片，其余均摘除。整理成束后，浸入清水30min，使插穗吸足水。其切面要紧贴节间，并用生长调节剂处理，以便提高成活率和出圃率。扦插深度为插穗长度的 1/3，扦插完毕要喷足水，以后控制不宜过湿，以免烂根。插床应有间歇喷雾设施，喷雾量控制在使叶片刚好湿润。若无喷雾措施，需盖塑料薄膜，1 周后改用苇帘，但不要遮光太多，以防徒长。当扦插苗根长 1cm 时进行移栽，注意少伤根。

十、满天星

1. 生物学特性

满天星（*Gypsophila paniculata* L.）是石竹科石头花属多年生草本植物（见图 6-91、图 6-92）。别名锥花丝石竹、圆锥花丝石竹、丝石竹、锥花霞草。适宜于花坛、路边和花篱栽植，也非常适合盆栽观赏和盆景制作，现在多用于切花生产。

满天星生于海拔 1100～1500m 的河滩、草地、固定沙丘、石质山坡及农田中。满天星的生命力特强，生根快，耐长途运输移栽，成活率达 95% 以上。耐寒，耐冷凉气候，忌炎热多雨，怕积水涝害。喜温暖湿润和阳光充足环境，生长适温为 15～25℃，在 30℃ 以上或10℃ 以下容易引起莲座状丛生，只长茎不开花。全年均能开花，但由于耐暑性弱，平地夏季高温，必须在温室中栽培。宜在向阳环境和疏松肥沃、排水良好的微碱性沙壤土生长，土壤要求疏松，富含有机质，含水量适中，pH 7～9 左右。根系分布于 20cm 表土层，定植前需深耕 20～30cm。

图 6-91 满天星植株　　　　　**图 6-92 满天星插花**

2. 扦插繁殖

满天星商品化切花生产的种苗繁殖以组培为主，也可以扦插。一些单瓣种可用播种繁殖，但生长过慢，因此不建议播种繁殖。

（1）扦插繁殖　在春季将植株新枝剪下 10cm 左右，用生根粉或其他生长素处理，3～4 根为一丛扦插于珍珠岩作基质的插床上，喷水保湿，温度在 15℃ 以上时，一般 20 天即可发根，再培育 20 多天时间移栽到土壤培育成大苗出售。在梅雨季节可采用嫩枝扦插，选取当年顶端嫩枝扦插，插后 2～3 周生根。

（2）组培　采用茎尖培养，繁殖系数高，根系生长状况好，苗质量好。用组培苗生产切花，花枝挺拔，色泽纯正，切花质量高。

3. 播种育苗

选疏松土壤做床，于 9 月播种，稍覆细土，约 10 天发芽，入冬前移至冷床越冬。发芽适温 15～20℃。生长适温 10～25℃。播种期从早秋至次年早春。

十一、君子兰

1. 生物学特性

君子兰（*Clivia miniata* Regel）是石蒜科君子兰属多年生草本植物（见图 6-93、图 6-94）。花期长达 30～50 天，以冬、春为主，君子兰花、叶美观大方，又耐阴，宜盆栽室内摆设，也是布置会场、装饰宾馆环境的理想盆花，还有净化空气的作用和药用价值。

君子兰原产于非洲南部的热带地区，生长在树的下面，所以它既怕炎热又不耐寒，喜欢半阴而湿润的环境，畏强烈的直射阳光，生长的最佳温度在 18 ～ 28℃，10℃以下或 30℃以上时生长受抑制。君子兰喜欢通风的环境，喜深厚肥沃疏松的土壤，适宜在疏松肥沃的微酸性有机质土壤内生长。

2. 播种繁殖

育种的基质用刨花木，也可以用木糠或者细沙，有的也用腐叶，最好用刨花木或者木糠。然后找塑料篮子，也可以用透气的瓦烧盆。以刨花木为基质土为例，先进行消毒，然后将消毒的刨花木浸透水后，放到篮子里，压一下，整平。君子兰喜微酸性的土质，以 pH 值 6 ～ 6.5 为宜。

播种前，将种子放入 30 ～ 35℃的温水中浸泡 20 ～ 30min 后取出，晾 1 ～ 2h（此时如能用 10% 磷酸钠液浸泡 20 ～ 30min，取出洗净后再在清水中浸 10 ～ 15h，则更好），即可播入培养土。播种后的花盆置于室温 20 ～ 25℃、相对湿度 90% 左右的环境中，大约 7 天萌发，45 ～ 60 天苗出齐。

3. 分株繁殖法

花卉的无性繁殖有扦插、分株、压条、嫁接等方法，但君子兰的无性繁殖一般都只采用分株法，垂笑君子兰采用此法更为普遍。

分株时，先将君子兰母株从盆中取出来，去掉宿土，找出可以分株的腋芽。如果子株生在母株外沿，株体较小，可以一手握住鳞茎部分，另一手捏住子株基部，撕掰一下，就能把子株掰离母体；如果子株粗壮，不易掰下，可用准备好的锋利小刀把它割下来。千万不可强掰，以免损伤幼株。子株割下后，应立即用干木炭粉涂抹伤口，以吸干流液，防止腐烂。接着，将子株上盆种植。种植时，种植深度以埋住子株的基部假鳞茎为度，靠苗株的部位要使其略高一些，并盖上经过消毒的沙土。种好后随即浇一次透水，待到 2 周后伤口愈合时，再加盖一层培养土。一般需经 1 ～ 2 个月生出新根，1 ～ 2 年开花。用分株法繁殖的君子兰，遗传性比较稳定，可以保持原种的各种特征。

图 6-93 大花君子兰   图 6-94 彩兰

十二、菊花

1. 生物学特性

菊花［*Dendranthema morifolium*（Ramat.）Tzvel.］是菊科菊属多年生宿根草本植物（见图 6-95 ～图 6-97）。按栽培形式分为多头菊、独本菊、大立菊、悬崖菊、艺菊、案头菊等栽培类型；有按花瓣的外观形态分为园抱、退抱、反抱、乱抱、露心抱、飞午抱等栽培类型。不同类型里的菊花又有各种各样的品种名称。

菊花的适应性很强，喜凉，较耐寒，生长适温 18 ～ 21℃，最高 32℃，最低 10℃，地下根茎耐低温极限一般为 -10℃。花期最低夜温 17℃，开花期（中、后）可降至 13 ～ 15℃。喜充足阳光，但也稍耐阴。较耐干，最忌积涝。喜地势高燥、土层深厚、富含腐殖质、轻松肥沃而排水良好的沙壤土。在微酸性到中性的土中均能生长，而以 pH 6.2 ～ 6.7 较好。忌连作。

2. 扦插繁殖

（1）芽插 在秋冬切取植株外部脚芽杆插。选芽的标准是距植株较远，芽头丰满。芽选好后，剥去下部叶片，按株距 3 ～ 4cm、行距 4 ～ 5cm 插于温室或大棚内的花盆或插床粗沙中，保持 7 ～ 8℃室温，春暖后栽于室外。

（2）嫩枝插 此法应用最广。多于 4 ～ 5 月扦插。截取嫩枝 8 ～ 10cm 作为插穗，插后善加管理。在 18 ～ 21℃的温度下，多数品种 3 周左右生根，约 4 周即可移苗上盆。

图 6-95 管瓣菊花　　　　　　**图 6-96 平瓣菊花**

图 6-97 菊花的园林应用

（3）地插　介质可用园土配上 1/3 的砻糠灰。在高床上搭芦帘棚遮阴。全光照的插床，如有自动喷雾设备，不需遮阴。

（4）叶芽插　从枝条上剪取 1 张带腋芽的叶片插之。此法仅用于繁殖珍稀品种。

3. 嫁接繁殖

为使菊花生长强健，用以做成"十样锦"或大立菊，可用黄蒿或青蒿作砧木进行嫁接。秋末采蒿种，冬季在温室播种，或 3 月间在温床育苗，4 月下旬苗高 3～4cm 时移于盆中或田间，在晴天进行劈接。压条法仅在繁殖芽变部分时才用。

4. 组织培养

用组织培养技术繁殖菊花，有用料少、成苗量大、脱毒、去病及能保持品种优良特性等优点。培养基为 MS+6BA=（6-苄基嘌呤）1mg/L+NAA（萘乙酸）0.2mg/L，pH 5.8。用菊花的茎尖（0.3～0.5mm）、嫩茎或花蕾（直径 9～10mm），切成 0.5cm 的小段，接种。室温（26±1）℃，每日加光 8h（1000～1500lx）。经 1～2 个月后可诱导出愈伤组织。再过 1～2 个月，分化出绿色枝芽。再将分化出来的绿色芽转移到 White+NAAI-2mg/L 培养基上，约 1 个月后可诱导生出健壮根系。又培养 1 个月，可种于室外。按原来培养液的半量浇灌，这是试管苗取得成功的关键。

十三、天竺葵

1. 生物学特性

天竺葵（*Pelargonium hortorum* Bailey）是牻牛儿苗科天竺葵属多年生肉质亚灌木或灌木植物（见图 6-98、图 6-99）。别名洋绣球、石腊红、入腊红、日烂红、洋葵。原产非洲南部，世界各地普遍栽培。

图 6-98　天竺葵植株　　　　　图 6-99　天竺葵花

天竺葵性喜冬暖夏凉，冬季室内每天保持 10～15℃，夜间温度 8℃以上，即能正常开花。但最适温度为 15～20℃。天竺葵喜燥恶湿，冬季浇水不宜过多，要见干见湿。土湿则茎质柔嫩，不利花枝的萌生和开放；长期过湿会引起植株徒长，花枝着生部位上移，叶子渐黄而脱落。

天竺葵生长期需要充足的阳光，因此冬季必须把它放在向阳处。光照不足，茎叶徒长，花梗细软，花序发育不良；弱光下的花蕾往往花开不畅，提前枯萎。天竺葵不喜大肥，肥料过多会使天竺葵生长过旺不利开花。

2. 播种繁殖

春、秋季均可进行，以春季室内盆播为好。发芽适温为 20 ～ 25℃。天竺葵种子不大，播后覆土不宜深，2 ～ 5 天发芽。秋播，第二年夏季能开花。经播种繁殖的实生苗，可选育出优良的中间型品种。

3. 扦插繁殖

除 6 ～ 7 月植株处于半休眠状态外，均可扦插。以春、秋季为好。夏季高温，插条易发黑腐烂。选用插条长 10cm，以顶端部最好，生长势旺，生根快。剪取插条后，让切口干燥数日，形成薄膜后再插于沙床或膨胀珍珠岩和泥炭的混合基质中，注意勿伤插条茎皮，否则伤口易腐烂。插后放半阴处，保持室温 13 ～ 18℃，插后 14 ～ 21 天生根，根长 3 ～ 4cm 时可盆栽。扦插过程中用 0.01% 吲哚乙酸液浸泡插条基部 2 秒，可提高扦插成活率和生根率。一般扦插苗培育 6 个月开花，即 1 月扦插，6 月开花；10 月扦插，翌年 2 ～ 3 月开花。

4. 组织培养

天竺葵也可用组织培养法繁殖。以 MS 培养基为基本培养基，加入 0.001% 吲哚乙酸和激动素促使外植体产生愈伤组织和不定芽，用 0.01% 吲哚乙酸促进生根。组培法为天竺葵的良种繁育和选育新品种提供了新的途径。

十四、红掌

1. 生物学特性

红掌（*Anthurium andraeanum* Linden）是天南星科花烛属多年生常绿草本植物（见图 6-100、图 6-101）。花朵独特，有佛焰花序，色泽鲜艳华丽，色彩丰富，每朵花花期长，花色艳丽，有极大的观赏价值。可以做切花，也可盆栽。

红掌附生在岩石上或直接生长在地上，性喜温热多湿而又排水良好的环境，怕干旱和强光暴晒。其适宜生长昼温为 26 ～ 32℃，夜温为 21 ～ 32℃。所能忍受的最高温为 35℃，可忍受的低温为 14℃。光强以 16000 ～ 20000lx 为宜，空气相对湿度（RH）以 70% ～ 80% 为佳。

图 6-100　红掌植株

图 6-101　红掌花

2. 分株繁殖

红掌具有较强的分蘖能力，可以结合间苗、移苗及切花除芽等工作，春季选择 3 片叶以上的子株，从母株上连茎带根切割下来，用水苔包扎移栽于盆内，经 3 ～ 4 周发根成活后重新栽植。注意事项：分株时期主要在凉爽高湿的春季，秋季阴凉天气也可分株。切忌在炎热的夏天或干燥寒冷的季节分株。分株时必须注意以不伤母株为原则，太大的侧芽不分，靠太紧的侧芽不分，太弱小的侧芽也不分，主要分出比较容易与母株分离且较为健壮、至少有 2 条主要根系以上的侧芽。移植苗时分株可用手均匀用力，将侧芽与母株在地下茎芽眼处分离，较难分离时用锐利的消毒刀片在位于芽眼处将其切开。切花除芽分株必须先拨开土层，注意根系的分布以及地下茎芽眼处，小心地将芽眼处切开，再取出侧芽。切开的侧芽待伤口稍干后将其假植于阴凉处进行促根及恢复生长。种植时必须使根系平展、植株直立，必要时进行支撑，种后不能立即浇水，可向叶面喷水保持湿度，2 天后即可依情况进行浇水或施稀薄肥液。

3. 播种繁殖

在育种上，通过播种是获得红掌新品种的主要途径。红掌果实为浆果类，需随采随播，播种前去除果皮，洗去果肉，以避免果皮、果肉腐烂发霉而影响种子的发芽率。播种方法可采用纯沙催芽法，将种子点播在干净的河沙中，播种深度为 0.5～0.8cm，保持一定的湿度，一般 15 天左右就可发芽，新叶很快就会长出。待长至 5～6 片叶时，就可移栽至纯珍珠岩与泥炭土或椰糠按 1：2 混合的基质中进行假植栽培。

4. 组织培养

红掌的繁育材料主要采用愈伤组织和叶片。用愈伤组织作为繁育材料的原因是得到的克隆苗不易发生变异，但要获得无毒的愈伤组织非常困难。叶片容易消毒且操作比较方便，不利的是叶片不光滑，且培养形成的植株容易发生突变，但这种突变可以人为控制。

十五、鹤望兰

1. 生物学特性

鹤望兰（*Strelitzia reginae* Aiton）是旅人蕉科鹤望兰属多年生草本植物（见图 6-102、图 6-103）。又名天堂鸟花或极乐鸟花，无茎。原产非洲南部，中国南方大城市的公园、花圃均有栽培，北方则为温室栽培。鹤望兰四季常青，叶大姿美，花形奇特，可丛植于院角，用于庭院造景和花坛、花境的点缀。

图 6-102　鹤望兰植株

图 6-103　鹤望兰花

鹤望兰属亚热带长日照植物。其喜温暖、湿润、阳光充足的环境，畏严寒，忌酷热、忌旱、忌涝。要求排水良好的疏松、肥沃、pH 6～7 的沙壤土。通常鹤望兰在 40℃以上生长受阻，0℃以下遭受冻害，在 18～30℃范围内生长良好。最好保证晚上温度（13～18℃）

和白天温度（31～35℃）。在适宜温度范围内，鹤望兰的每片叶的叶腋都可形成花芽。鹤望兰每天要有不少于4h的直接光照，最好是整天有亮光。阳光强烈时采取一些保护措施。在冬季主要采花期，阳光充足有利于增加产花量。光照调节强调"冬不阴，夏不晒"的管理原则。植株在遮阴的情况下叶片的外观会更漂亮，只是花朵数目会比较少。

2. 播种繁殖

播种前挑选粒大饱满、种皮光滑、新鲜、无损伤、无病虫害的籽粒。用30～40℃温水浸种4～5天，再用5%的新洁尔灭1000倍液消毒5min。另外，也可用0.3%高锰酸钾或多菌灵可湿性粉剂500倍液浸泡种子2h，再用30～40℃温水浸泡3～4天，每天换水1次，利于发芽。也可用细砂纸轻擦种子表皮以加速其吸水发芽，但需注意避免擦去内部白色营养物。播种时间5～7月份。采用点播，覆土1～1.5cm，浇水后覆盖塑料薄膜，保温、保湿。发芽适温为25～30℃，播后15～20天即可发芽，陆续出土。出苗后增加光照。长出真叶后主根开始向下生长，为移植最佳时期。移苗时带土移栽，以防伤根。移栽后小苗忌强光暴晒，需遮阳。长出2片真叶时，开始轻施薄肥。苗高15cm左右时上盆定植。小苗的生长适温为15～25℃，冬季室温保持8℃以上。实生苗培育4～5年，具9～10片叶时，才能正常开花。

3. 分株繁殖

早春2～3月份结合换盆、换土时进行。将植株从花盆中倒出，轻轻除去土坨外围的旧土，勿将肉质根折断，在背阴处晾1～2天，待其根系变软后，再用利刀从根隙处带根切下周围长出的分蘖苗株，使小丛带2～3个芽，每个芽有2～3条肉质根，在切口处涂以草木灰，使之干燥形成保护层，然后重新用木桶、陶瓷缸或白色塑料深盆栽种。带有8～10片叶的分株苗，当年冬季或次年春季可开花。

4. 组织培养

组织培养是繁殖鹤望兰的一种快速、有效的方法。中国从20世纪90年代开始对鹤望兰进行组织培养。操作过程是灭菌、接种、诱导愈伤组织、组织苗移栽得到幼苗。培养基配方：诱导愈伤组织和芽的培养 MS+BA 2.0mg/L + ZT 1.0mg/L + IBA 0.1mg/L+ 蔗糖 3%；壮芽培养基 MS；生根培养基 1/2MS+IBA 0.5mg/L + NAA 0.5mg/L + 蔗糖 2%；壮根培养基 1/2MS；环境控制 pH 5.8，白天温度 22℃，夜间温度 18 ～ 20℃，每天照 12h 2000lx 荧光灯。15 ～ 20 天，幼苗开始长新叶。

十六、马蹄莲

1. 生物学特性

马蹄莲（*Zantedeschia aethiopica*）是天南星科马蹄莲属多年生草本植物（见图 6-104、图 6-105）。具块茎，并容易分蘖形成丛生植物。有白色马蹄莲和彩色马蹄莲。在欧美国家是新娘捧花的常用花，也是埃塞俄比亚的国花。在中国常做盆栽花卉。

图 6-104　白色马蹄莲

图 6-105　彩色马蹄莲

马蹄莲喜温暖、湿润和阳光充足的环境。不耐寒和干旱。生长适温为 15 ～ 25℃，夜间温度不低于 13℃。若温度高于 25℃或低于 5℃则被迫休眠。马蹄莲喜水，生长期土壤要保持湿润，夏季高温期块茎进入休眠状态后要控制浇水。土壤要求肥沃、保水性能好的黏质壤土，pH 值在 6.0 ～ 6.5。

2. 分球繁殖

当 5 ～ 6 月开花后，老叶逐渐枯萎，长出新叶时或 9 月中旬换盆时，将母株周围的小块茎剥下，分级上盆。一般栽植后 3 个月开花。

3. 播种繁殖

以室内盆播为主，发芽适温为 18～24℃，播后 15～20 天发芽，实生苗需培育 3～4 年才能开花。

十七、鼠尾草

1. 生物学特性

鼠尾草（*Salvia japonica* Thunb.）是唇形科鼠尾草属常绿性小型亚灌木（见图 6-106～图 6-108）。又名药用鼠尾草、日本紫花鼠尾草、南丹参。鼠尾草是一种芳香性植物，常常用来作为厨房用的香草或医疗用的药草，也可以用来萃取精油。

图 6-106　鼠尾草植株

图 6-107　鼠尾草花

图 6-108　鼠尾草园林应用

日照充足、通风良好、排水良好的沙质壤土或土质深厚的壤土为佳，有利生长。不同品种的鼠尾草需要的光强度不相同，在栽培前需了解及确认。

2. 播种繁殖

可在春季和初秋播种。播种前为提高出苗率以及早出苗，可先将种子用50℃温水浸泡，待温度下降到30℃时，用清水冲洗几遍后，放于25～30℃恒温下催芽或用清水浸泡24h后播种。直播或育苗移栽均可。由于鼠尾草种子小，宜浅播。播后要覆盖薄土，并要经常洒水，以保持土壤湿润。

3. 扦插繁殖

在5～6月，选枝顶端不太嫩的顶梢，长5～8cm，在茎节下位剪断，摘去基部2～3片叶，按行株距5cm×5cm插入苗床中，深2.5～3cm。插后浇水，并覆盖塑料膜保湿，20～30天发出新根后按行株距（45～50）cm×（25～30）cm的密度定植。

十八、秋海棠

1. 生物学特性

秋海棠（*Begonia grandis* Dry）是秋海棠科秋海棠属多年生草本植物（见图6-109、图6-110）。盆栽秋海棠常用来点缀客厅、橱窗或装点家庭窗台、阳台、茶几等地方。

图6-109　秋海棠植株

图6-110　秋海棠花

秋海棠生长适温为19～24℃，冬季温度不低于10℃，否则叶片易受冻，但根茎较耐寒。在温暖的环境下生长迅速，茎叶茂盛，花色鲜艳。秋海棠对光照的反应是敏感的。一般适合在晨光和散射光下生长，在强光下易造成叶片灼伤。另外对光周期反应也十分明显，在短日照和夜间温度21℃的条件下，花期明显推迟。

2. 播种繁殖

播种繁殖可在室温室内进行，播种时间春季4～5月或秋季9～10月。播种方法：通常用育苗盘，以高温消毒的腐叶土、培养土、细沙均匀拌和的土壤最好。播种容器要求干净清洁，均匀装上疏松、肥沃的播种土，再用圆木板轻轻压平后，将种子均匀撒上，播种后不必覆土，用木板再轻压一下即可或撒上一层素沙，浇水会冲散种子，常从盆地浸水，湿润后取出。同时盆口盖上半透明玻璃，以保持盆内有较高湿度，并放室温18～22℃的半阴处，早、晚喷雾。一般播后7～30天发芽。

3. 扦插繁殖

扦插繁殖在室温条件下，全年皆可进行，但以4～5月效果最好，生根快，成活率高。常选取健壮的茎部顶端做插穗，长10～15cm，带2～3个芽，最好不用带花芽的顶茎做插穗。插壤用疏松、排水好的细河沙、珍珠岩或糠灰，扦插时插穗不宜埋得太深，以插穗的一半为宜，并保持较高的空气湿度和20～22℃室温。插后一般在9～27天愈合生根。

十九、文竹

1. 生物学特性

文竹（*Asparagus setaceus*）是百合科天门冬属多年生蔓生草本（见图6-111、图6-112）。别名云片松、刺天冬、云竹。文竹具有极高的观赏性，可放置客厅、书房，在净化空气的同时也增添了书香气息。其以根入药，可治急性气管炎，具有润肺止咳的功能。

文竹性喜温暖湿润和半阴通风的环境，冬季不耐严寒，不耐干旱，不能浇太多水，根会腐烂，夏季忌阳光直射。以疏松肥沃、排水良好的富含腐殖质的沙质壤土栽培为好。室温保持在12～18℃为宜，超过20℃时要通风散热，生长适温为15～25℃，越冬温度为5℃。生于山野，亦栽培于庭园。

2. 播种繁殖

播种是繁殖文竹的主要方法。当文竹种子的果皮变黑变软后即为成熟，这时应根据成熟程度逐渐采摘，搓去果肉，用清水淘净，晾半干后贮存备用。4月上旬播种，当年秋季即可成商品苗或在室内陈设。播种基质一般为细沙，容器为瓦盆或木箱。将种子按 2 ～ 3cm 间距摆放在盆土上，每穴 2 ～ 3 粒即可。播后覆细沙 5mm 厚，并加盖玻璃或塑料薄膜，温度保持 20 ～ 25℃，并经常喷水保持盆土湿润。播后 30 天左右开始发芽出苗。待苗高 4 ～ 5cm 时移栽培养，8 ～ 10cm 时即可栽植上盆。

3. 分株繁殖

家庭盆栽也可采用分株繁殖。文竹丛生性强，4 ～ 5 年生的植株便能不断地从根际处萌发出根蘖苗，使株丛不断扩大。春季可结合换盆，将盆株分成数丛分别栽植上盆，即可获得新的植株。

图 6-111 文竹植株

图 6-112 文竹盆景

---ᵉ❀ 第三节 ❀ᵉ---

球根花卉育苗技术

一、百合

1. 生物学特性

百合（*Lilium brownii* var. *viridulum* Baker）是百合科百合属多年生草本球根植物（见图 6-113 ～图 6-117）。又名山丹、倒仙、百合蒜等。原产于中国，主要分布在亚洲东部、欧洲、北美洲等北半球温带地区，全球已发现有至少 120 个品种，其中 55 种产于中国。近年更有不少经过人工杂交而产生的新品种，如亚洲百合、香水百合、火百合等。可盆栽、地栽、切花栽培等，鳞茎含丰富淀粉，可食，亦作药用。

（1）温度　百合鳞茎在地下能耐 -10℃ 的低温，早春气温达到 10℃ 以上时芽开始生长，茎叶生长期最适宜的气温为 16 ～ 25℃，夜温 14 ～ 15℃，温度高于 30℃ 会影响百合生长，连续高于 35℃ 茎叶枯黄，地下球茎进入休眠期。

（2）光照　百合出苗期喜弱光照条件，营养生长期喜光照，光照不足对植株生长和鳞茎膨大均有影响，尤其是现蕾开花期。如光线过弱，花蕾易脱落，但怕夏季高温强光照，引起茎叶提早枯黄，需要遮光。

图 6-113　百合植株

图 6-114　百合鳞茎

图 6-115　百合花

图 6-116　百合插花

图6-117 百合园林应用

（3）土壤的要求　百合喜土层深厚的疏松的微酸性土壤，土壤pH 5.5～6.5，百合不耐盐，土壤中的氟和氯含量要求在50mg/L以下，土壤EC值不超过1.5ms/cm，能保持适当湿润的沙壤土为最佳，黏土不适合种植百合。

2. 扦插繁殖

鳞片扦插法，秋天挖出鳞茎，将老鳞上充实、肥厚的鳞片逐个掰下来，每个鳞片的基部应带有一小部分茎盘，稍阴干，然后扦插于盛好河沙（或蛭石）的花盆或浅木箱中，让鳞片的2/3插入基质，保持基质一定湿度，在20℃左右条件下，约一个半月，鳞片伤口处即生根。冬季温度宜保持18℃左右，河沙不要过湿。培养到次年春季，鳞片即可长出小鳞茎，将它们分下来，栽入盆中，加以精心管理，培养3年左右即可开花。

3. 分株繁殖

（1）分小鳞茎　通常在老鳞茎的茎盘外围长有一些小鳞茎。在9～10月收获百合时，可把这些小鳞茎分离下来，贮藏在室内的沙中越冬。第二年春季，消毒后按行株距25cm×6cm播种。经一年的培养，一部分可达种球标准（50g）。较小者，继续培养一年再作种用。

（2）分珠芽　分珠芽法繁殖，仅适用于少数种类。如卷丹、黄铁炮等百合，多用此法。将地上茎叶腋处形成的小鳞茎（又称"珠芽"，在夏季珠芽已充分长大，但尚未脱落时）取下来培养。从长成大鳞茎至开花，通常需要2～4年的时间。为促使多生小珠芽供繁殖用，可在植株开花后，将地上茎压倒并浅埋土，将地上茎分成每段带 3 ～ 4 片叶的小段，浅埋茎节于湿沙中，则叶腋间均可长出小珠芽。

4. 播种繁殖

播种属有性繁殖，主要在育种上应用。方法是：秋季采收种子，贮藏到翌年春天播种。播后 20 ～ 30 天发芽。幼苗期要适当遮阳。入秋时，地下部分已形成小鳞茎，即可挖出分栽。播种实生苗因种类的不同，有的 3 年开花，也有的需培养多年才能开花。因此，此法家庭不宜采用。

二、风信子

1. 生物学特性

风信子（*Hyacinthus orientalis* L.）是风信子科风信子属多年草本球根类植物（见图 6-118 ～图 6-122）。原产地中海沿岸及小亚细亚一带，是研究发现的会开花的植物中最香的一个品种。风信子株丛低矮，花色明丽，花期长，绿叶期也较长，是园林绿化优良的地被植物，也可以盆栽、水养。

风信子习性喜阳、耐寒，适合生长在凉爽湿润的环境和疏松、肥沃的沙质土中，忌积水。喜冬季温暖湿润、夏季凉爽稍干燥、阳光充足或半阴的环境。喜肥，宜肥沃、排水良好的沙壤土。风信子在生长过程中，鳞茎在 2 ～ 6℃低温时根系生长最好。芽萌动适温为 5 ～ 10℃，叶片生长适温为 5 ～ 12℃，现蕾开花期以 15 ～ 18℃最有利。鳞茎的贮藏温度为 20 ～ 28℃，最适为 25℃，对花芽分化最为理想。可耐受短时霜冻。

2. 分球繁殖

6 月份把鳞茎挖回后，将大球和子球分开，大球秋植后来年早春可开花，子球需培养 3 年才能开花。由于风信子自然分球率低，一般母株栽植 1 年以后只能分生 1 ～ 2 个子球，为提高繁殖系数，可在夏季休眠期对大球采用阉割手术，刺激它长出子球。

3. 播种繁殖

多在培育新品种时使用，于秋季播入冷床中的培养土内，覆土

1cm，翌年 1 月底至 2 月初萌发。实生苗培养的小鳞茎，4 ～ 5 年后开花。一般条件贮藏下种子发芽力可保持 3 年。

图 6-118　风信子植株

图 6-119　风信子花

图 6-120　风信子水培

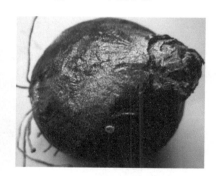

图 6-121　风信子鳞茎

图 6-122　风信子园林应用

三、郁金香

1. 生物学特性

郁金香（*Tulipa gesneriana*）是百合科郁金香属草本植物（见图 6-123～图 6-127）。是土耳其、哈萨克斯坦、荷兰的国花。花单朵顶生，大型而艳丽，花期 4～5 月，是早春园林绿化的主要花卉。

郁金香属长日照花卉，性喜向阳、避风，冬季温暖湿润，夏季凉爽干燥的气候。8℃以上即可正常生长，生长开花适温为 15～20℃，一般可耐 -14℃低温。耐寒性很强，在严寒地区如有厚雪覆盖，鳞茎就可在露地越冬，但怕酷暑，如果夏天来得早，盛夏又很炎热，则鳞茎休眠后难以度夏。要求腐殖质丰富、疏松肥沃、排水良好的微酸性沙质壤土。忌碱土和连作。pH 在 6.6～7。

2. 分球繁殖

当年栽植的母球经过一季生长后，在其周围同时又能分生出

图 6-123　郁金香植株

图 6-124　郁金香鳞茎

图 6-125　郁金香花

图 6-126　郁金香插花

图 6-127　郁金香园林应用

1～2个大鳞茎和3～5个小鳞茎。6月份收获的小鳞茎，经过去泥阴干，放在5～10℃冷库中贮藏，要注意通风换气。可按种球大小分开种植，大球栽后当年可开花，小仔球培养1～2年也能开花。

3. 播种繁殖

郁金香的播种繁殖多用于培育新品种。种子在蒴果成熟开裂前采收，沙藏到10月在室内盆播。保持湿润，翌年春季才发芽。3～4年开花。

四、唐菖蒲

1. 生物学特性

唐菖蒲（*Vaniot Houtt*）是鸢尾科唐菖蒲属多年生草本植物（见图 6-128～图 6-132）。别名剑兰、菖兰。唐菖蒲为重要的鲜切花，可作花篮、花束、瓶插等。可布置花境及专类花坛。矮生品种可盆栽观赏。它与切花月季、康乃馨和非洲菊并称"世界四大切花"。

唐菖蒲是喜温暖的植物，但气温过高对生长不利，不耐寒，生长适温为20～25℃，球茎在5℃以上的土温中即能萌芽。它是典型的长日照植物，长日照有利于花芽分化，光照不足会减少开花数，但在花芽分化以后，短日照有利于花蕾的形成和提早开花。夏花种的球根都必须在室内贮藏越冬，室温不得低于0℃。栽培土壤以肥沃的沙质壤土为宜，pH值不超过7；特别喜肥，磷肥能提高花的质量，钾肥对提高球茎的品质和子球的数目有促进作用。

图 6-128　唐菖蒲植株

图 6-129　唐菖蒲球茎

图 6-130　唐菖蒲花

图 6-131　唐菖蒲插花

图 6-132　唐菖蒲园林应用

2. 分球繁殖

通常唐菖蒲经 1 年栽培后，1 个母球会产生 1 ～ 2 个商品球及很多子球，经分级后，周长 8cm 以上的种球直接做商品进入市场，8cm 以下的子球分 3 级进行再培养。一般大子球周长为 4 ～ 8cm，中子球周长为 2 ～ 4cm，小子球周长为 2cm 以下，不同级别分片栽培。种球越小越能保持品种的遗传特性，但栽培年限较长。种球较大因已具备了开花能力，养分消耗过大，生产商品球质量不好。因此，在栽培中以中子球繁育商品球最好。值得注意的是商品球并非越大越好，以球形圆整饱满、球质较硬的商品球生产的鲜切花为好，高大而扁平、球质较软的种球生产的鲜切花质量不高。

3. 切球繁殖

某些珍稀品种，要迅速扩大繁殖系数的品种，可用充实饱满的商品球切割成 2 ～ 4 块，每块必须保证有部分根盘及完整充实的芽，来做子球繁殖。为防止种球腐烂，切面应用木炭粉或草木灰涂抹并立即栽植。

4 组织培养

组培繁殖可更新复壮常规栽培品种，因为唐菖蒲长期的无性繁殖，品种混杂及退化现象相当严重，因此必须定期进行组织培养来脱毒复壮。花瓣及侧芽均可做外植体。消毒接种后即可放入 25℃、2000lx 的条件下培养，通过诱导、继代及生根培养而获得小苗。小苗继续培养即可获得试管小球茎，试管球茎锻炼及经 2 年的种植后，长成母球，即是无毒的种球。

五、水仙

1. 生物学特性

水仙（*Narcissus tazetta* L. var. *chinensis* Roem.）是石蒜科水仙属多年生草本植物（见图 6-133 ～图 6-135）。又名中国水仙，是多花水仙的一个变种。花期春季。

水仙为秋植球根类温室花卉，喜阳光充足，生命力顽强，能耐半阴，不耐寒。7 ～ 8 月份落叶休眠，在休眠期鳞茎的生长点部分进行花芽分化，具秋冬生长、早春开花、夏季休眠的生理特性。水仙生长发育各阶段需要不同的环境条件，营养生长期喜冷凉气候，适温为 10 ~ 20℃，可耐 0℃低温。鳞茎在春天膨大，干燥后，在高温中（26℃以上）进行花芽分化。经过休眠的球根，在温度高时可以长根，但不发叶，要随温度下降才发叶，至温度为 6 ~ 10℃时抽花茎，在开花期间，如温度过高，开花不良或萎蔫不开。以疏松肥沃、土层深厚的冲积沙壤土为最宜，pH 在 5 ~ 7.5 时均宜生长。

图 6-133　水仙花

图 6-134　水仙鳞茎

图 6-135　水仙植株

2. 分株繁殖

（1）侧球繁殖　这是最普通常用的一种繁殖方法。储球着生在鳞茎球外的两侧，仅基部与母球相连，很容易自行脱离母体，秋季将其与母球分离，单独种植，次年产生新球。

（2）侧芽繁殖　以疏松肥沃、土层深厚的冲积沙壤土为最宜，

pH 在 5 ～ 7.5 时均宜生长。侧芽是包在鳞茎球内部的芽。只在进行球根阄割时，才随挖出的碎鳞片一起脱离母体，拣出白芽，秋季撒播在苗床上，翌年产生新球。

（3）双鳞片繁殖　一个鳞茎球内包含着很多侧芽，有明显可见的，有隐而不见的。但其基本规律是每两个鳞片 1 个芽。用带有两个鳞片的鳞茎盘作繁殖材料就叫双鳞片繁殖。其方法是把鳞茎先放在 4 ～ 10℃处 4 ～ 8 周，然后在常温中把鳞茎盘切小，使每块带有两个鳞片，并将鳞片上端切除留下 2cm 作繁殖材料，然后用塑料袋盛含水 50% 的蛭石或含水 6% 的沙，把繁殖材料放入袋中，封闭袋口，置 20 ～ 28℃中黑暗的地方。经 2 ～ 3 个月可长出小鳞茎，成球率80% ～ 90%。这是近年开始发展的新方法，四季可以进行，但以 4 ～ 9月份为好。生成的小鳞茎移栽后的成活率高，可达 80% ～ 100%。

3. 组织培养

以疏松肥沃、土层深厚的冲积沙壤土为最宜，pH 在 5 ～ 7.5 时均宜生长。用 MS 培养基，每升附加 30g 蔗糖与 5g 的活性炭，用芽尖作外植体，或用具有双鳞片的茎盘 5mm×10mm 作外植体，pH 值5 ～ 7；装入 20mm×100mm 的玻璃管中，每管 10mL 培养基，经消毒后，每管植入一个外植体，然后在 25℃中培养，接种 10 天后产生小突起，20 天后成小球，1 月后转入在含 NAA 0.1mg/L 1/2MS 的培养基中，6 ～ 8 周后有叶、有根，移栽在大田中，可 100% 成活。用茎尖作外植体的，还有去病毒的作用。

六、仙客来

1. 生物学特性

仙客来（*Cyclamen persicum* Mill.）是报春花科仙客来属多年生草本植物（见图 6-136 ～图 6-138）。别名萝卜海棠、兔耳花、兔子花、一品冠。仙客来是一种普遍种植的鲜花，适合种植于室内花盆，冬季则需温室种植。仙客来种子较大，千粒重为 10g 左右，一般发芽率为85% ～ 95%。

仙客来性喜温暖，怕炎热，在凉爽的环境下和富含腐殖质的肥沃沙质壤土中生长最好。较耐寒，可耐 0℃的低温不致受冻。秋季

图6-136　仙客来植株

图6-137　仙客来球茎

图6-138　仙客来盆花

到第2年春季为其生长季节，夏季半休眠，冬季适宜的生长温度在12～16℃，促进开花时不应超过18～22℃，0℃以上植株将进入休眠，35℃以上植株易腐烂、死亡，冬季可耐低温，但5℃以下则生长缓慢，花色暗淡，开花少。喜弱光，怕强光直射。

2. 繁殖方法

播种繁殖是仙客来繁殖常用的方法之一。仙客来的种子需经过人工授粉后才能获得，种子一般于5月份成熟，应及时采收。为促进种子发芽，播前可浸种催芽，用冷水浸种24h或30℃水浸泡2～3h，然后清洗种子表面的黏着物，包于湿布中催芽，保持1～2天温度25℃，种子稍微萌动即可取出播种。播种时间一般在9～10月份，用普通花盆播种即可。

播种土最好为富含腐殖质的沙质壤土，并经细筛过筛后才能使用。播种时先在盆中放好土，用喷壶洒透水，待水完全渗下去后，立即将种子以 1 ～ 1.5cm 的距离点播到盆中，播后覆土 0.5cm，并盖玻璃或塑料薄膜保湿，放在 20 ～ 22℃的半阴处。当盆土稍干时，应用浸盆法浸透水，使盆土经常保持湿润，正常情况下 20 天左右即能出苗。当幼苗叶片完全展开后，可进行第 1 次移苗。移苗时仍可用普通花盆，盆土同播种土，幼苗距离以 3cm 左右为宜，移栽后立即用喷壶洒透水。以后常保持苗盆湿润即可。待幼苗生长出 3 片叶、小球茎长到 5 ～ 6mm 直径时，要及时分栽上盆。可直接用 9cm 口径的小盆单株移栽。

七、大丽花

1. 生物学特性

大丽花（*Dahlia pinnata* Cav.）是菊科大丽花属多年生草本植物（见图 6-139 ～图 6-141）。别名大理花、天竺牡丹、东洋菊、大丽菊。有巨大棒状块根。原产于墨西哥，世界多数国家均有栽植。据统计，大丽花品种已超过 3 万个，是世界上花卉品种最多的物种之一。其可活血化瘀，有一定的药用价值。

大丽花喜半阴，阳光过强时影响开花，光照时间一般 10 ～ 12h，培育幼苗时要避免阳光直射。大丽花喜欢凉爽的气候，9 月下旬开花最大、最艳、最盛，但不耐霜，霜后茎叶立刻枯萎。生长期内对温度

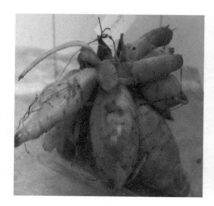

图 6-139　大丽花块根

图 6-140　大丽花开花

图6-141 大丽花园林应用

要求不严，8～35℃均能生长，15～25℃为宜。大丽花不耐干旱，不耐涝，一般盆栽见土干则浇透水，做到见湿见干；多雨天可倒盆排水（地栽不必经常浇水）。大丽花适宜栽培于土壤疏松、排水良好的肥沃沙质土壤中。

2. 分根（株）繁殖

春季3～4月份，取出贮藏的块根，将每一块根及附着生于根颈上的芽一齐切割下来（切口处涂草木灰防腐），另行栽植。由于大丽花仅根颈部才有芽，所以分割的每个块根上必须有带芽的根颈；无根颈或根颈上无芽点的块根均不出芽，不能栽植。若根颈上发芽点不明显或不易辨认时，可于早春提前催芽，在温床内将根丛以较密的距离排好，然后壅土、浇水，给予一定的温度，待出芽后再分，每个分株至少具有一个芽。分株繁殖简便易行，成活率高，植株健壮，但繁殖系数不如扦插法高。

3. 扦插繁殖

（1）选地整地　选择土地耕作层深、疏松肥沃、地势平坦、排水良好的田块，深翻前每亩施过磷酸钙125kg作基肥，另加50%地亚农0.5kg，进行土壤消毒，土壤深翻15cm左右，然后整理耙平，做高畦或平畦，宽2m，沟深20cm，开好内外"三沟"，以利排涝。

（2）扦插方法　6～8月份，侧芽长至15～20cm，结合除侧芽随剪随播。插穗需3芽，留上部2芽，第3芽剪至叶基部去叶片，插入土中深及第2芽，浇透水，立支架并用50%的遮阴网双层遮阴。

晴天早、晚各浇水一次，连续浇水半个月，土壤湿度保持在90%，3周后生根，成活率很高，当年秋天即可开花。

4. 播种繁殖

种子繁殖在大丽花培育过程中占有绝大比例，适用于易结实的品种。

选择选用长50cm、宽20cm、高5cm的育苗盘，先用清水冲洗，然后用0.2%无氯硝基苯消毒。播种基质选用的播种基质是园土和草炭，并用2%五氯硝基苯消毒或高温消毒。播种方法：播种前把消毒好的育苗盘用清水洗净，待水渗后立即播种。温床播种在3月中下旬，花坛品种于4月下旬露地播种，种子均撒于土面上。大粒种子播后用湿润细土覆盖，厚度均为种子直径的3倍。播后用竹竿撑盖农用薄膜，留出缝隙以便通风，有利于提高土壤温度，减少水分，保持土壤湿度，减少土壤板结，这样可保持种子发芽时所需的温湿度。播后置于20～25℃处，播种后约经7天左右，种子即可萌动，要经常保持土壤湿度，当幼苗长到4～5cm时分苗，浇透水，置于背阴处3～4天，然后移到强光下，注意适时浇水，保持土壤湿度。

八、美人蕉

1. 生物学特性

美人蕉（*Canna indica* L.）是美人蕉科美人蕉属多年生草本植物（见图6-142～图6-144）。是亚热带和热带常用的观花植物。中国南北各地常有栽培。

图6-142　美人蕉植株

图6-143　美人蕉根茎

图 6-144　美人蕉园林应用

美人蕉喜温暖湿润气候，不耐霜冻，生长适温 25 ～ 30℃，喜阳光充足，在原产地无休眠性，周年生长开花；性强健，适应性强，几乎不择土壤，以湿润肥沃的疏松沙壤土为好，稍耐水湿。畏强风。春季 4 ～ 5 月霜后栽种，萌发后茎顶形成花芽，小花自下而上开放，生长季里根茎的芽陆续萌发形成新茎开花，自 6 月至霜降前开花不断，总花期长。根茎在长江以南地区可露地越冬，长江以北必须人工保护越冬。

2. 分根茎

3 月初将前一年贮存的美人蕉根茎分切成块，使每块必须保有 2 ～ 3 个芽眼，去掉腐烂部分，然后埋于低温温室的素沙床或直接栽于花盆中，在 10 ～ 15℃ 的条件下催芽，并注意保持土壤湿润。约 20 天左右，当芽长至 4 ～ 5cm 时，即可分盆或定植。

3. 分株法

6 ～ 7 月份选择阴雨天或傍晚时候，用锋利的铁锹，对株间或株丛间距在 4 ～ 5cm 以上、未出花序者，从株间垂直向下切割，然后快速分株或分株丛，力求多带宿土，不伤枝叶，直接栽入定植穴内，最好做到边掘边栽，栽后及时浇透水。如遇天气干旱，还要适当遮阴并多向枝叶喷水，以增加湿度。这样，养护 10 天左右，新株就可如母株一样，生长开花，几乎没有任何差别。分株后，母株根部的坑穴务必要用土填实。

4. 播种繁殖

培育新品种时多用播种繁殖，播种法播前先用锉刀锉破坚硬的种皮，然后放在 25℃ 的水中浸泡 24h，再点播于苗床或花盆的素沙土中。覆土切忌太厚，应以种子直径的 1～2 倍为宜。此后要保持 20℃ 左右的室温，并注意保持土壤湿润，一般 1 周后即可发芽，在苗高 5cm 时，即可分栽、定植。播种苗当年可以开花。

九、朱顶红

1. 生物学特性

朱顶红（*Hippeastrum rutilum*）是石蒜科孤挺花属多年生草本植物（见图 6-145～图 6-147）。又名红花莲、华胄兰、孤挺花、对红、对对红等。

图 6-145　朱顶红鳞茎

图 6-146　朱顶红花

图 6-147　朱顶红园林应用

朱顶红性喜温暖、湿润气候,生长适温为 18～25℃,不喜酷热,阳光不宜过于强烈,应置大棚下养护。怕水涝。冬季休眠期要求冷湿的气候,以 10～12℃为宜,不得低于 5℃。喜富含腐殖质、排水良好的沙质壤土。pH 在 5.5～6.5,切忌积水。

2. 切球扦插繁殖

多采用人工切球法大量繁殖子球,即将母鳞茎纵切成若干份,再在中部分为两半,使其下端各附有部分鳞茎盘为发根部位,然后扦插于泥炭土与沙混合的扦插床内,适当浇水,6 周后,鳞片间便可发生 1～2 个小球,并在下部生根。这样一个母鳞茎可得到子鳞茎近百个。

3. 分球繁殖

老鳞茎每年能产生 2～3 个小子球,将其取下另行栽植即可。注意不要伤害小鳞茎的根,并且使其顶部露出地面,小球约需 2 年开花。

4. 播种繁殖

朱顶红易结实,花期可行人工授粉,2 个月后种子成熟,每一蒴果有种子 100 粒左右。即采即播,发芽率高。播种土为草炭土 2 份与河沙 1 份混合。种子较大,宜点播,间距为 2～3cm,发芽适宜温度为 15～20℃,10～15 天出苗,2 片真叶时分苗。播种到开花需要2～3 年。

十、番红花

1. 生物学特性

番红花(*Crocus sativus* L.)是鸢尾科番红花属多年生草本花卉,也是一种常见的香料(见图 6-148～图 6-150)。是亚洲西南部原生种,明朝时传入中国,是一种名贵的中药材。

番红花对温度十分敏感,但在不同的生长发育阶段对温度的要求不尽相同。在大田栽培最适温度为 2～19℃,花芽分化期最适温度为 24～27℃,过高或过低均不利于花芽的分化,开花期的最适温度是 15～18℃,环境温度在 5℃以下时花朵不容易开放,过高的

花卉育苗技术手册

温度会抑制幼花的生长。充足的光照是番红花生长发育不可缺少的条件，在长光照和适宜的温度下，能促进新球茎的形成和种球的发育生长，因此，尽可能选择向阳坡地和农田种植番红花，以保证种球健壮发育。番红花喜欢生长在土层深厚、透水良好、肥力充足的沙质壤土。

图 6-148　番红花开花

图 6-149　番红花球茎

图 6-150　番红花人工栽培

2. 分球繁殖

　　一般在 8～9 月份进行分球繁殖，成熟球茎有多个主芽、侧芽，花后从叶丛基部膨大形成新球茎，夏季地上部枯萎后，挖出球茎，分级，阴干，贮藏。而种植时间早则有利于形成壮苗。

　　每个成熟球茎都有数个主芽和侧芽。种植时应将 8g 以上的大球与小球分开种植。小球茎重量在 8g 以下的当年不能开花，需继续培养 1 年。盆栽宜在 10 月份，选球茎重量在 20g 左右的花种，用内径 15cm 的花盆，每盆可栽 5～6 个球。栽后先放室外养护。约 2 周后生根，移入室内光照充足、空气清新湿润处，元旦前后即可开花。

木本花卉育苗技术

一、月季

1. 生物学特性

月季花（*Rosa chinensis* Jacq.）是蔷薇科蔷薇属常绿或半常绿低矮灌木（见图 6-151～图 6-155）。四季开花，一般为红色或粉色，偶有白色和黄色；花大型，由内向外呈发散型，有浓郁香气。可广泛用于园艺栽培和切花，月季花朵可提取香精，并可入药。

图 6-151　月季植株

图 6-152　月季花

图 6-153　树状月季

图 6-154　月季插花

图6-155 月季园林应用

月季性喜温暖，生长适温22～24℃，超过30℃会出现花小、色浅、味淡；月季较耐寒，一般-10℃以上不需防寒。月季不耐阴，在现蕾开花期，每天光照不低于5～6h，但在开花时，烈阳直射会使花的寿命缩短。月季喜肥沃湿润的土壤，忌涝、忌旱，栽培时必须选择疏松、肥沃、排水及通气性好且具一定保肥能力的黏质土壤，pH 6.8～7.2的微酸或微碱性土壤最适。

2. 扦插繁殖

月季一般用扦插、嫁接、压条，培育新品种时可用播种繁殖。

（1）嫩枝扦插 在4～5月份、9～10月份其生长最好的季节进行。插穗选当年生的健壮花枝，待花谢后，去其残花及花下枯叶，等数天后，枝条养分得到补充，生长充实，叶节膨大后，于早晨剪取长约10cm、带有3～4叶节的枝条作插穗，仅留上部2片复叶，其余叶片连叶柄一同剪除，留下的2片复叶最好也只留下基部2片小叶，以减少蒸腾作用。为了促进生根，可将切口蘸上吲哚丁酸粉剂，浓度为500～750mL/L。土壤要求排水通气良好，整地作畦时要细软，插条间距离以互不遮阴为原则。深度为扦插条的2/3，地面上保留1～3个芽。插后浇透水，并使插条与土壤结合紧密，插后管理要遮阴，并用塑料薄膜保湿，晚上揭开以便通风换气，土壤保持湿润，但不宜过湿，以利于土壤有足够的空气，防止伤口霉烂，半个月左右逐渐增加阳光照射时间，以增加光合作用，并利生根。当新芽长出、老叶脱落时，说明插条已生根成活，即可移栽。

（2）硬枝扦插 土壤及整地与嫩插相同，以月季落叶进入休眠期直到来年春天发芽前都可进行扦插。基本上健壮的枝条都可作插条，剪取 10cm 长带有 3～4 叶芽的枝条不留叶子，插后浇透水，用树枝或其他枝条、钢筋等做弓架，罩上塑料薄膜，繁殖地应向阳、背风以利保湿，并注意防干等。到第二年春天插穗发芽时，揭去塑料薄膜，当幼叶长大并转绿时，下部根系长好后即可移栽。

（3）全日照扦插　全日照扦插是在整个扦插过程中，不用遮阴，使其得以充足的阳光照射，但又因插条无根系不能进行正常吸水，使之吸水有困难，为了使插条能正常地进行光合作用和生命活动，就要从叶面补充水分，经常给叶面喷水，就能使叶面形成一层水膜，既能使子叶细胞对水的需要得到满足，又能降低叶片温度，减少叶面蒸腾作用，以保证光合作用正常进行，如果没有喷雾装置，可用勤喷水来解决，插后第一周，每半小时喷水一次，1 周后每 2h 喷水一次，所以全日照扦插的苗床以素沙为主，3 周后可移栽。

3. 嫁接繁殖

良种月季主要采用嫁接法，嫁接苗一般比扦插苗生长快，当年就可育成粗壮的大株，开花特别，但寿命短，一般 4～6 年开始衰老，并易发砧芽，嫁接技术要求较高，接前需培育砧木。其常用的方法有芽接、切接和根接。砧木常用野蔷薇和十株妹等。

（1）芽接　首先要选枝条壮、根系发达的植株作砧木。每年 5～10 月就可进行，接前 3 天施一次液肥，芽接当天要浇适量水，在离地面 3～5cm 处选择光滑无节的茎段用 T 字形方法做 T 形切割，然后用芽接刀的角质薄片挑选皮层。接穗应选取优良品种的长开枝，选其饱满的芽，保留叶柄作盾形切下剔除木质部，然后插入砧木的 T 形切口内，用塑料带绑扎好，留出叶桶和芽，然后进行遮阴，避免阳光直射。1 周后，如果是绿色，叶柄发黄，并用手轻触叶柄即全脱落，表示嫁接成功，如果呈黑色，叶柄干枯则表明死亡。接活后的植株可以去掉遮阴进行阳光照射，并把砧木上发出的幼芽剥除，但砧木上的老叶要保留，使其进行正常的光合作用，给接穗芽提供养分，当新芽长到 15～20cm 时最好立柱，防止新枝被风吹断，等其木质化并发第二次新芽时，可将砧木上的枝叶全部剪除，并解除绑扎带。

（2）切接　于 11 月下旬至来年 2 月进行，嫁接时，砧木的立枝留 10 ～ 15cm 高，用利刃截断。接穗长 5 ～ 7cm，带 2 ～ 3 个壮芽，接时注意形成层要互相接合，置于 15 ～ 20℃，伤口约 15 天即可愈合，约 20 天后可发芽，要注意及时清除砧木上发出的嫩芽。

二、牡丹

1. 生物学特性

牡丹（*Paeonia suffruticosa* Andr.）是芍药科芍药属多年生落叶小灌木（见图 6-156 ～图 6-158）。花色泽艳丽，玉笑珠香，风流潇洒，富丽堂皇，素有"花中之王"的美誉。牡丹是中国特有的木本名贵花卉，有数千年的自然生长历史和 1500 多年的人工栽培历史，在中国栽培甚广，并已引种至世界各地。

图 6-156 牡丹植株

图 6-157 牡丹花

图 6-158 牡丹园林应用

牡丹喜充足的阳光，但不耐夏季烈日暴晒；耐寒，生长适温16 ～ 20℃，温度在 25℃以上则会使植株呈休眠状态。开花适温为

17 ～ 20℃，但花前必须经过 1 ～ 10℃的低温处理 2 ～ 3 个月才可。最低能耐 -30℃的低温；耐干旱，耐弱碱，忌积水，适宜在疏松、深厚、肥沃、地势高燥、排水良好的中性沙壤土中生长。酸性或黏重土壤中生长不良。

2. 分株繁殖

牡丹繁殖方法有分株、嫁接、播种等，但以分株及嫁接居多，播种方法多用于培育新品种。

牡丹的分株繁殖在明代已被广泛采用。具体方法为：将生长繁茂的大株牡丹整株掘起，从根系纹理交接处分开。每株所分子株多少以原株大小而定，大者多分，小者少分。一般每 3 ～ 4 枝为一子株，且有较完整的根系。再以硫黄粉少许和泥，将根上的伤口涂抹、擦匀，即可另行栽植。分株繁殖的时间是在每年的秋分到霜降期间，适时进行为好。此时，气温和地温较高，牡丹处于半休眠状态，但还有相当长的一段营养生长时间，进行分株栽培对根部生长影响不甚严重，分株栽植后还能生出一些新根和少量的株芽。若分株栽植过迟，当年根部生长很弱，或不发生新根，次年春，植株发育更弱，根弱则不耐旱，容易死亡。如分株过早，气温、地温较高，还能迅速生长，容易引起秋发。

3. 嫁接繁殖

牡丹的嫁接繁殖，依所用砧木的不同分为两种，一种是野生牡丹，另一种是用芍药根。常用的牡丹嫁接方法主要有嵌接法、腹接法和芽接法三种。

（1）嵌接法　用芍药根作砧木，因芍药根柔软、无硬心，容易嫁接，根粗而短，养分充足，接活后初期生长旺盛。如用牡丹根嫁接，木质部较硬，嫁接时比较困难，但寿命较长。嫁接的时间一般是每年的 9 月下旬至 10 月上旬为最佳时间。其砧木是用直径 2 ～ 3cm、长 10 ～ 15cm 的粗壮且无病虫害的芍药根。

（2）腹接法　是种高接换头改良品种的方法，它是利用劣种牡丹或 8 ～ 10 年生的药用牡丹植株上的众多枝条，嫁接成不同色泽的优良品种。嫁接时间为 7 月上旬至 8 月中旬。先选择品种优良、植株肥壮、无病虫的牡丹植株，剪取由地面发出的土芽枝，或当年生的短枝，长 5 ～ 7cm，最好是有 2 ～ 3 个壮芽的短枝作接穗。接穗上留一个叶柄。选好接穗后，在接穗下部芽的背面斜削一刀，成马耳形，再在马耳形的另一面斜削成楔形，使嫁接后两面都能接到木质部和韧皮部之间的形成层组织，才易成活。牡丹腹接前后，除在雨季不加灌溉外，应保持植株正常生长的适宜湿度。

（3）芽接法　这是牡丹繁殖和培养多品种、多花色于一株的有效方法。芽接法在 5 ～ 7 月份进行。嫁接时以晴天为好。其方法有贴皮法和换芽法两种。贴皮法是在砧木的当年生枝条上连同木质部切削去一块长方形或盾形的切口，再将接穗的腋芽连同木质部削下一个与砧木上大小、形状相同的芽块。然后迅速将芽块贴在砧木的切口上，用塑料绳扎紧。换芽法是将砧木上嫁接部位的腋芽连同形成层一起去掉，保留木质部上完整的芽胚，然后用同样方法反接穗的腋芽，同样剥下，迅速套在砧木的芽胚上，注意两者应互相吻合，最后用塑料绳扎紧。嫁接后的植株应及时浇土、松土、施肥，促其愈合。

4. 扦插繁殖

牡丹扦插繁殖的枝条，要选择由牡丹根部发出的当年生土芽枝，或在牡丹整形修剪时，选择茎干充实、顶芽饱满且无病虫害的枝条作穗，长 10 ～ 18cm。牡丹的根为肉质根，喜高燥，忌潮湿，耐干旱。因此，育苗床应选择通风向阳处，筑成高床育苗。扦插时，插完一畦浇灌一畦，一次浇透。

5. 播种繁殖

播种繁殖是以种子繁衍后代或选育新品种，是一种有性繁殖方法。播种前必须对土壤进行较细致地整理消毒，土地要深耕细作，施足底肥。然后筑成 70 ～ 80cm 宽的小畦，穴播、条播均可。播种不可过深，以 3 ～ 4cm 为度，播种后覆土与畦面平，再轻轻将土壤踏实，随即浇透水。

三、杜鹃

1. 生物学特性

杜鹃花（*Rhododendron simsii* Planch.）是杜鹃花科杜鹃属常绿或半常绿灌木（见图 6-159 ～图 6-163）。又名映山红、山石榴。杜鹃花

图 6-159　杜鹃植株

图 6-160　杜鹃盆花

图 6-161　杜鹃造型

图 6-162　杜鹃盆景

图 6-163　杜鹃园林应用

一般春季开花，每簇花2～6朵，花冠漏斗形，有红、淡红、杏红、雪青、白等色，花色繁茂艳丽。具有较高的观赏价值，在世界各公园中均有栽培，还可以药用。

杜鹃生于海拔500～1200m（可至2500m）的山地疏灌丛或松林下，喜欢酸性土壤，在钙质土中生长得不好甚至不生长。因此土壤学家常常把杜鹃作为酸性土壤的指示作物。

杜鹃性喜凉爽、湿润、通风的半阴环境，既怕酷热又怕严寒，生长适温为12～25℃。夏季气温超过35℃，则新梢、新叶生长缓慢，处于半休眠状态。夏季要防晒遮阴，冬季应注意保暖防寒。忌烈日暴晒，适宜在光照强度不大的散射光下生长，光照过强时嫩叶易被灼伤，新叶、老叶焦边，严重时会导致植株死亡。冬季，露地栽培杜鹃要采取措施进行防寒，以保其安全越冬。观赏类的杜鹃中，西鹃抗寒力最弱，气温降至0℃以下容易发生冻害。

2. 扦插繁殖

此法应用最广，优点是操作简便、成活率高、生长迅速、性状稳定。

（1）时间　西鹃在5月下旬至6月上旬，毛鹃在6月上中旬，春鹃、夏鹃在6月中下旬，此时枝条老嫩适中，气候温暖湿润。

（2）插穗　取当年生刚木质化的枝条，带踵掰下，修平毛头，剪去下部叶片，保留顶部3～5片叶，保湿待插。

（3）扦插管理　扦插基质可用兰花土、高山腐殖土、黄心土、蛭石等。

（4）扦插深度　以穗长的1/3～1/2为宜，扦插完成后要喷透水，加盖薄膜保湿，给予适当遮阴，1个月内始终保持扦插基质湿润，毛鹃、春鹃、夏鹃约1个月即可生根，西鹃需60～70天。

3. 嫁接繁殖

可一砧接多穗，多品种，生长快，株形好，成活率高。

（1）时间　5～6月，采用嫩梢劈接或腹接法。

（2）砧木　选用2年生的毛鹃，要求新梢与接穗粗细得当，砧木品种以毛鹃"玉蝴蝶""紫蝴蝶"为好。

（3）接穗　在西鹃母株上，剪取3～4cm长的嫩梢，去掉下部的叶片，保留端部的 3 ～ 4 片小叶，基部用刀片削成楔形，削面长 0.5 ～ 1.0cm。

（4）嫁接方法　在毛鹃当年生新梢 2 ～ 3cm 处截断，摘去该部位叶片，纵切 1cm，插入接穗楔形端，皮层对齐，用塑料薄膜带绑扎接合部，套正塑料袋扎口保湿；置于荫棚下，忌阳光直射和暴晒。接后 7 天，只要袋内有细小水珠且接穗不萎蔫，即有可能成活；2 个月去袋，翌春再解去绑扎带。

四、梅花

1. 生物学特性

梅花（*Armeniaca mume* Sieb.）是蔷薇科杏属的落叶乔木、小乔木、稀灌木（见图 6-164 ～图 6-166）。又名春梅、干枝梅、酸梅、乌梅。梅花已有三千多年的栽培历史，原产我国南方，后来引种到韩国

图 6-164　梅花植株

图 6-165　梅花开花

图 6-166　梅花园林应用

与日本，具有重要的观赏价值及药用价值。许多类型不但露地栽培供观赏，还可以栽为盆花。梅花通常在冬春季节开放，与兰、竹、菊并称为"四君子"，还与松、竹并称为"岁寒三友"，中华文化有谓"春兰，夏荷，秋菊，冬梅"。在严寒中，梅开百花之先，独天下而春。

梅喜温暖气候，耐寒性不强，较耐干旱，不耐涝，寿命长，可达千年；花期对气候变化特别敏感，梅喜空气湿度较大，但花期忌暴雨。除杏梅系品种能耐 -25℃低温外，一般耐 -10℃低温。耐高温，在40℃条件下也能生长。在年平均气温16～23℃地区生长发育最好。对温度非常敏感，在早春平均气温达 -5～7℃时开花，若遇低温，开花期延后，若开花时遇低温，则花期可延长。生长期应放在阳光充足、通风良好的地方，若处在庇荫环境，光照不足，则生长瘦弱，开花稀少。冬季不要入室过早，以11月下旬入室为宜，使花芽分化克分经过春化阶段。冬季应放在室内向阳处，温度保持5℃左右即可。

2. 播种繁殖

播种繁殖一般在秋季下种（可在9月下旬进行），先要在5～6月份收藏好花种，播种前应将土壤深翻细耙，整成疏松平整的畦块，开成4～5cm深的沟，将种子每隔6～7cm一粒投入沟内，并浇上水，再盖4～5cm厚的一层细土。到翌年春季，幼苗即从上长出，待花苗长至10～20cm时，就可开始移植。

3. 嫁接繁殖

嫁接是梅花繁殖时普遍采用的方法。嫁接有芽接和切接两种方法。

（1）芽接　芽接是用优良品种梅枝上的芽，削下来嫁接在山桃、毛桃、杏等砧木上。嫁接的时间一般在8～9月份。接穗（带芽的部分）选一年生健壮枝条中部的饱满芽，削取盾形芽片，接在1～2年生桃或杏离地面十多厘米高的树干光坦处。接时用"T"字形芽接法，即用刀将砧木皮割划一个"T"字形，将树皮挑开，把芽片插入，以塑料薄膜带缚紧（把芽露出），过约30天拆开塑料薄膜。若芽片仍是绿色，木质部已连接在一起，就是已经接活成功。如在冬季，要随即用土将根部连芽接部分培好，免风干或冻死。翌年春天，在砧木（桃、杏的苗木）接芽上约1cm处剪去上梢部，以促使接芽迅速成长，直到长成新的梅花植株。若芽已枯干发黑，即未接活，必须重新嫁接。

（2）切接　切接也用直径 1cm 粗的山桃、毛桃或杏苗作为砧木，春季 3～4 月份，在砧木苗距地面 5～6cm 处剪上部干梢，以一年生优良品种的健壮枝条作接穗，剪取 6cm 长的段子，把枝段下端削成楔形，然后把砧木纵切一刀约 1cm 多深（要用锋利的芽接刀将切口面切光滑），将楔形接穗插入，使两者形成层对齐，再用塑料薄膜扎紧，挖土将枝条全部埋没，过 20～30 天后拨土检查，若已成活，则必须加以管理。这时特别要注意的是，新接活的苗必须防止阳光直晒。

4. 扦插繁殖

扦插繁殖梅花，因操作比较简便，技术不太复杂，同时因为扦插繁殖长大的花可保持品种的优良特性，所以不少花艺者喜欢采用。

梅花扦插的时间一般在早春或晚秋。做法是：先选一年生健壮枝条，从其中下端部位剪取 12～15cm 长的枝条作为插穗（如有条件，可将接穗放入植物生长素中蘸一下，促其生根），直立插在苗床里，封上土，上面只需留一个芽节（2～3cm），露在表土外面。插后浇一次透水，特别要注意遮阴，不可暴晒。最好在床面上经常喷水，保持空气湿润，若能搭个塑料棚以保证遮阴及湿润，则可以提高成活率。若未搭棚，入冬前，可在扦插苗床上盖些马粪、碎草并盖上塑料布，以保湿保温。春季时，不可过早揭去防寒物，必须到 4～5 月发芽后，再根据气温情况决定是否除掉塑料膜。第三年春天才可进行定株移栽。扦插的成活率与品种有关，除素白阁梅成活率较高外，其他品种成活率一般都不很高，能达到 30% 的成活率就不错了。

五、山茶花

1. 生物学特性

山茶花（*Camellia* spp.）是山茶科山茶属多种植物和园艺品种的通称（见图 6-167～图 6-171）。因其植株形姿优美，叶片浓绿而富于光泽，花形艳丽缤纷，而受到世界园艺界的珍视。茶花的品种极多，是中国传统的观赏花卉，亦是世界名贵花木之一。原产于中国东部，在长江流域、珠江流域、重庆、云南、四川、中国台湾及朝鲜、日本、印度等地普遍种植。

图 6-167　山茶花植株

图 6-168　山茶花开花

图 6-169　山茶花嫁接

图 6-170　山茶花盆景

图 6-171　山茶花园林应用

山茶为半阴性花卉，夏季需搭棚遮阴。立秋后气温下降，山茶进入花芽分化期，应逐渐使全株受到充足的光照。山茶为长日照植物。在日照12h的环境中才能形成花芽。最适生长温度18～25℃，最适开花温度10～20℃，高于35℃会灼伤叶片。不耐寒，冬季应入室，温度保持3～5℃，也能忍耐短时间-10℃的低温，但不能长时间超过16℃，否则会促使发芽，引起落叶。山茶花惧风喜阳，喜地势高爽、空气流通、温暖湿润、排水良好、疏松肥沃的沙质壤土、黄土或腐殖土。pH 5.5～6.5最佳。

2. 扦插繁殖

（1）枝插　扦插时间以9月份最为适宜，春季亦可。选择生长良好、半木质化枝条，除去基部叶片，保留上部3片叶，用利刀切成斜口，立即将切口浸入200～500mL/L 吲哚丁酸5～15min，晒干后插入沙盆或蛭石盆，插后浇水40天左右伤口愈合，60天左右生根。用激素处理后扦插比不用激素的提早2～3个月出根。用蛭石作插床，出根也比沙床快得多。

（2）叶插　茶花繁殖一般采用枝条扦插繁殖，但有些名贵品种由于受枝条来源的限制，或考虑到取材后会影响其树形，所以也采用叶插法。以山泥作扦插基质，可拌入1/3的河沙，以利通气排水，基质盛在瓦盆中，然后进行盆插。叶插最好在雨季进行，取一年生叶片作叶插材料，太老不易生根，过嫩容易腐烂。插入土中约2cm，插后压紧土壤，浇足水，然后放在阴凉通风的地方。一般3个月可以发根，第二年春可以发芽抽枝。

3. 嫁接繁殖

（1）切接　油茶树嫁接茶花技术：嫁接时间以6～7月份为宜，此时茶花接穗新梢叶片已展开，且气温较高，嫁接伤口愈合快，成活率高。嫁接方法是利用枝接法中的切接法。由于嫁接的部位较高，常称为"高接换头"。

（2）靠接　选择适当的品种如茶盅茶或油茶作砧木，靠接名贵的茶花。靠接的时间一般在清明节至中秋节之间。先把砧木栽在花盆里，用刀子在所要结合的部位分别削去一半左右，切口要平滑，然后使双方的切面紧密贴合，用塑料薄膜包扎，每天给砧木淋水两次，60

天后即可愈合。到时可剪下栽植，并置于树荫下，避免阳光直射。翌年2月，用刀削去砧木的尾部，再行定植。

六、桂花

1. 生物学特性

桂花［*Osmanthus fragrans*（Thunb.）Lour.］是木犀科木犀属常绿灌木或小乔木（见图6-172～图6-176）。其园艺品种繁多，最具代表性的有金桂、银桂、丹桂、月桂等。桂花是中国传统十大名花之一，是集绿化、美化、香化于一体的观赏与实用兼备的优良园林树种，桂花清可绝尘，浓能远溢，堪称一绝。尤其是仲秋时节，丛桂怒放，夜静轮圆之际，把酒赏桂，陈香扑鼻，令人神清气爽。

图 6-172 桂花

图 6-173 金桂花

图 6-174 桂花树

图 6-175 桂花盆景

图 6-176　桂花园林应用

　　桂花适应于亚热带气候地区，性喜温暖、湿润。种植地区平均气温 14～28℃，7月平均气温 24～28℃，1月平均气温 0℃以上，能耐最低气温 -13℃，最适生长气温是 15～28℃。湿度对桂花生长发育极为重要，要求年平均相对湿度 75%～85%，年降水量 1000mm 左右，特别是幼龄期和成年树开花时需要水分较多，若遇到干旱会影响开花，强日照和荫蔽对其生长不利，一般要求每天 6～8h 光照。以土层深厚、疏松肥沃、排水良好的微酸性沙质壤土最为适宜。

　　2. 嫁接繁殖

　　（1）切接　嫁接砧木多用女贞、小叶女贞、小蜡、水蜡、白蜡和流苏（别名油公子、牛筋子）等。大量繁殖苗木时，北方多用小叶女贞，在春季发芽之前，自地面以上 5cm 处剪断砧木；剪取桂花 1～2 年生粗壮枝条长 10～12cm，基部一侧削成长 2～3cm 的削面，对侧削成一个 45° 的小斜面；在砧木一侧约 1/3 处纵切一刀，深 2～3cm；将接穗插入切口内，使形成层对齐，用塑料袋绑紧，然后埋土培养。用小叶女贞作砧木成活率高，嫁接苗生长快，寿命短，易形成"上粗下细"的"小脚"现象。用水蜡作砧木，生长慢，但寿命较长。

　　（2）靠接　盆栽桂花多行靠接。用流苏作砧木，靠接宜在生长季节进行，不宜在雨季或伏天靠接。靠接时选二者枝条粗细相近的接穗和砧木，在接穗适当部位削成梭形切口，深达木质部，长 3～4cm，在砧木同等高度削成与接穗大小一致的切口，然后将两切口靠在一起，使二者形成层紧密结合，用塑料条缠紧，愈合后剪断接口上面的砧木和下面的接穗。

3. 扦插繁殖

在春季发芽以前，用一年生发育充实的枝条，切成 5 ～ 10cm 长，剪去下部叶片，上部留 2 ～ 3 片绿叶，插于河沙或黄土苗床，株行距 3cm×20cm，插后及时灌水或喷水，并遮阴，保持温度 20 ～ 25℃，相对湿度 85% ～ 90%，2 个月后可生根移栽。

七、米兰

1. 生物学特性

米兰（*Aglaia odorata* Lour）是楝科米仔兰属常绿灌木或小乔木（见图 6-177、图 6-178）。其枝叶茂密，叶色葱绿光亮，一年内多次开花，夏秋最盛。开花时清香四溢，气味似兰花。北方多盆栽，在南方庭院中米兰又是极好的风景树。

图 6-177 米兰的花、叶 　　　　　　图 6-178 米兰盆栽

米兰喜温暖湿润和阳光充足环境，不耐寒，稍耐阴，好肥。生长适温为 20 ～ 25℃。在通常情况下，阳光充足，温度较高（30℃左右），开出来的花就有浓香。冬季温度不低于 10℃。如果夏季将其放在荫蔽处，同时又施大量氮肥，会造成米兰不开花或开花少、香味淡等情况。因此，米兰在生长发育期间需放在室外阳光充足的地方养护，并要注意适当多施些含磷素较多的液肥。土壤以疏松、肥沃的微酸性土壤为最好。

2. 扦插繁殖

扦插有老枝扦播和嫩枝扦插，前者即用去年生的老枝作插穗，于 4～5 月份进行，后者是选用当年生的半木质化枝条，于 6～8 月份进行，采集嫩枝作插穗的标准是枝端叶片质厚，色绿，腋芽饱满。插穗长 10cm 左右，保留上端 2～3 片叶，其他叶子全部去除，以减少水分蒸发和营养消耗，削平切口。扦插基质可用河沙、膨胀珍珠岩、泥炭、蛭石等。扦插时，可先用竹筷在插壤上打洞，间距 5cm 左右，然后将插条插入洞中，深度约为插条的 1/3。插入后，要用手指揿实泥土，使泥土和插条紧密结合，浇足水。架设荫棚，以保持通风、湿润的环境。插穗生根快慢与插壤温度关系很大，底温高，生根快，底温在 30～32℃时，插后 40 天即可生根，25～28℃即需 50～60 天才能生根。但地温高，叶片蒸发快，插条新陈代谢处于活泼状态，此时如果湿度低，则易造成插穗落叶，插穗一旦落叶，即无成活的希望。所以高温还必须保证高湿，通常需保持 85% 以上的相对湿度。扦插前，插穗基部用 20～25mL/L 的吲哚丁酸浸 12～24h，或 50mL/L 的吲哚乙酸浸 15h，有促进生根的效果。

八、一品红

1. 生物学特性

一品红（*Euphorbia pulcherrima* Willd. et Kl.）是大戟科大戟属常绿灌木（见图 6-179～图 6-181）。一品红又名圣诞花、墨西哥红叶。原产中美洲，广泛栽培于热带和亚热带，原产地在露地能长成 3～4m 高的灌木，开花时一片红艳，成为冬季的重要景观。目前，在欧美、日本均已成为商品化生产的重要盆花。中国绝大部分省区市均有栽培，常见于公园、植物园及温室中，供观赏。

一品红是短日照植物，为了提前或延迟开花，可控制光照，一般每天给予 8～9h 的光照，40 天便可开花；喜阳光，在茎叶生长期需充足阳光，促使茎叶生长迅速繁茂。一品红喜温暖，生长适温为 18～25℃，4～9 月为 18～24℃，9 月至翌年 4 月为 13～16℃，冬季温度不低于 10℃。一品红喜湿润，对水分的反应比较敏感，生长期只要水分供应充足。

图6-179　一品红植株

图6-180　一品红花

图6-181　一品红园林应用

2. 扦插繁殖

一品红的扦插繁殖主要有半硬枝扦插和嫩枝扦插两种方式，还有老根扦插方式。不管采用哪种扦插繁殖方式，一品红的插穗都应在清晨剪取为宜，因为此时插穗的水分含量较为充足。剪切插穗时，要求切口平滑，并且要剪去劈裂表皮及木质部，以免积水腐烂，影响愈合生根。

插穗切口切成平口或斜面，并力求切口在芽的基部节下0.5cm处，这样较易生根。切口流出的白色胶质乳液，要用清水清洗干净，并将切口涂以新鲜黏土或草木灰后再进行扦插，或者蘸一下生根粉，以促其生根；也可用浓度为0.1%的高锰酸钾溶液，将剪好的一品红插穗基部浸于溶液中10min左右，以提高成活率。基部经以上方法处理后马上扦插，插穗插入基质的深度一般不超过 2.5cm，如果扦插太深，下切口容易腐烂；扦插的株行距以 4cm×4cm 为宜。

（1）半硬枝扦插　一品红半硬枝扦插多在春季 3～5 月份进行，一般气温在 15℃以上时即可。扦插时，剪取一年生木质化或半木质化的枝条，长约 10cm，剪除插穗上的叶片和枝顶，而且基部切口剪成斜面并靠近节部，蘸上草木灰，待剪口晾干后再插入细沙中，插后浇透水，温度保持在 22～24℃，20 天后就可生根。在扦插期间应注意遮阴，防止水分丧失和枝条萎蔫。

（2）嫩枝扦插　当一品红的当年生枝条生长到 6～8 片叶时，取 6～8 厘米长、3～4 个节的一段嫩梢，在节下剪平，去除基部大叶后，立即投入清水中，以阻止乳汁外流，然后扦插，扦插后应保证嫩茎及叶片潮湿，并采取挡阳措施。嫩枝扦插大多数品种在 14～18 天就可以生根。一品红以嫩枝扦插生根较快而且成活率高。如果在自制温室内扦插繁殖，只要室内温度保持在 22℃左右，3 月下旬就可扦插，而且可以根据需要一直可延续到 9 月份为止。

（3）老根扦插　经多年栽培的一品红，用其根部也可繁殖成新植株。因为在春季的 3～4 月份，一品红出房时，要进行一次翻盆换土栽植，以补充盆土的养料以及修茎修根。在操作的过程中，人们往往对剪下的一品红老根弃而不用，但如果将 0.5cm 以上的老根茎收集起来，将是一大批可利用的繁殖材料。

其具体方法是将一品红的老根剪成 10cm 左右长的根段，再在剪断处蘸上干木炭粉或草木灰、干土粉亦可，待其稍干后扦插于培养土中（根段上如带有少许根须者则更易萌发新芽）。至于扦插的容器，一般如果量少的可用较深一点的花盆，如果数量多则可在苗床内扦插。

扦插时，根段留出土面 1cm，向北倾斜与地面约呈 80° 角，可促使根段尽快萌发新芽。扦插后不需要遮阴，约经 1 个月，就可繁殖出新植株来。当新植株长高至 10cm 左右时即可移栽上盆，经 5 天至 1 周的缓苗期，可进行正常养护。

九、朱槿

1. 生物学特性

朱槿（*Hibiscus rosa-sinensis* Linn.）是锦葵科木槿属绿灌木或小

乔木（见图 6-182 至图 6-185）。又名扶桑、佛槿、中国蔷薇。花大色艳，四季常开，盆栽、地栽。在全世界，尤其是热带及亚热带地区多有种植。

朱槿系强阳性植物，性喜温暖、湿润，要求日光充足，不耐阴，不耐寒，不耐旱，在中国长江流域及以北地区只能盆栽，在温室或其他保护地保持 12 ～ 15℃气温越冬。室温低于 5℃时叶片转黄脱落，低于 0℃即遭冻害。耐修剪，发枝力强。对土壤的适应范围较广，但以富含有机质、pH 6.5 ～ 7 的微酸性壤土生长最好。

2. 扦插繁殖

5 ～ 10 月份进行扦插，以梅雨季成活率最高；冬季在温室内进行。插条以一年生半木质化枝条最好，长 10cm，剪去下部叶片，留顶端叶片，切口要平，插于沙床，保持较高空气湿度，室温为 18 ～ 21℃。用 0.3% ～ 0.4% 吲哚丁酸处理插条基部 1 ～ 2s，可缩短生根期。根长 3 ～ 4cm 时移栽上盆。相对湿度 70% ～ 80% 的条件下，20 天后即可普遍生根，1 个月左右可以上盆。一般当年即可开花。一般选二年生健壮枝条为宜，

3. 嫁接繁殖

嫁接繁殖在春、秋季进行。多用于扦插困难或生根较慢的品种，尤其是扦插成活率低的重瓣品种。用枝接或芽接，砧木用单瓣扶桑。嫁接苗当年抽枝开花。

图 6–182　朱槿植株

图 6–183　朱槿开花

图 6-184　朱槿单瓣花　　　　　图 6-185　朱槿重瓣花

十、叶子花

1. 生物学特性

叶子花（*Bougainvillea spectabilis* Willd.）是紫茉莉科叶子花属木质藤本灌木（见图 6-186～图 6-190）。花很细小，黄绿色，三朵聚生于三片红苞中，因此又名三角梅；外围的红苞片大而美丽，被误认为是花瓣，因其形状似叶，故称其为叶子花。花期可从 11 月起至第二年 6 月。冬春之际，姹紫嫣红的苞片展现，给人以奔放、热烈的感受，因此又得名贺春红。叶子花观赏价值很高，在中国南方用作围墙的攀缘花卉栽培。每逢新春佳节，绿叶衬托着鲜红色片，仿佛孔雀开屏，格外璀璨夺目。北方盆栽，置于门廊、庭院和厅堂入口处，十分醒目。

叶子花喜温暖湿润、阳光充足的环境，不耐寒，土壤以排水良好的沙质壤土最为适宜。

图 6-186　叶子花枝叶　　　　　图 6-187　叶子花盆景

图 6-188　叶子花树

图 6-189　叶子花盆栽

图 6-190　叶子花园林应用

叶子花一年中开花数次，花期长达 2 ～ 3 个月。属短日照植物，喜光，生长期都要放在阳光充足的地方。喜温暖、湿润的气候，不耐寒，适宜生长温度为 20 ～ 30℃，冬季霜降前要搬入温室内，温度保持 10 ～ 15℃。耐瘠薄，耐干旱，耐盐碱，耐修剪，生长势强，喜水但忌积水。对土壤要求不严，但在肥沃、疏松、排水好的沙质壤土能旺盛生长。

2. 扦插繁殖

（1）扦插枝的选取　三角梅的扦插枝条不管粗如胳膊还是细如香都可用于扦插；而较粗枝发根慢，但成型快；最好选用一年生木质化绿枝易发新根，成活率高。大规模扦插一般选结构紧密粗壮的 1 ～ 2 年生外层向阳枝都可以，但切记不用过细枝、不成熟枝、徒长枝和荫蔽枝。三角梅扦插枝取下后要用锋利小刀削成保留 3 ～ 4 节（长 8 ～ 10cm），下部斜削，在节下 5 ～ 10mm 处，摘除下部叶片，保留上部二片半（全）叶作插穗。

（2）扦插基质　宜用蛭石、珍珠岩＋蛭石、净沙、沙壤土（素土）。使用前放在盆中用沸水冲泡几次灭菌，凉后使用。也可用水插。

（3）三角梅扦插季节的掌握　一般扦插宜在 3～6 月份进行，杭州在 5 月下旬至 6 月上旬，入梅前扦插最好。此时温度适宜（20～30℃），湿度高，管理方便。先在基质上用略比扦插枝粗的小木棍，在基质上斜向打孔。插入扦插枝深 4～6cm，浇水后移略阴处养护。

（4）扦插后的养护管理　①光照要适宜：15 天内见稀疏光（不宜太阴，晴天遮光约 50%），以后逐步加强光照，20～30 天长新根，25 天左右全日照；只有充分接受阳光，才能使新根健壮。采用三角梅的全光照喷雾扦插法，一般生根时间可提前 3～7 天左右。②保湿：在 20 天内，如天气干燥要盖保鲜膜保湿，留好通风孔。傍晚揭开通风，喷水后再盖上。③根外施肥：10 天左右喷一次千分之一磷酸二氢钾加尿素。④浇水：前期保持基质湿润（空气相对湿度 70% 左右），40 天后逐步"见干见湿"。

三角梅扦插枝成活后的分植上盆：扦插 40 天成活的小苗在强阳光下炼苗 1 周，浇薄肥。50～60 天分植上盆，扦插苗连盆放水盆中，将基质与根漂离；或直接倒出根分离后带部分基质种入培养土中。

十一、碧桃

1. 生物学特性

碧桃（*Amygdalus persica* L. var. *persica* f. Rehd）是蔷薇科李属，是桃树的一个变种（见图 6-191～图 6-193）。又名千叶桃花，习惯上将属于观赏桃花类的半重瓣及重瓣品种统称为碧桃。碧桃花大色艳，开花时美丽漂亮，观赏期达 15 天之久。在园林绿化中被广泛种于湖滨、溪流、道路两侧和公园等及小型绿化工程如庭院绿化点缀、私家花园等，也用于盆栽观赏，还常用于切花和制作盆景。

碧桃喜干燥向阳的环境，故栽植时要选择地势较高且无遮阴的地点。碧桃较耐寒，碧桃正常开花在清明前后，如欲让它在春节期间开花，应将碧桃盆景放在室外背风向阳处，进行冬化处理，于春节前 60 天左右入室，室温保持在 15～20℃。碧桃喜肥沃且通透性好、中性或微碱性的沙质壤土，如果在黏重土或重盐碱地栽植，不仅植株不能开花，而且树势不旺，病虫害严重。

图6-191 碧桃树

图6-192 碧桃花

图6-193 碧桃园林应用

2. 嫁接繁殖

为保持优良品质，必须用嫁接法繁殖，砧木用山毛桃。采用春季芽接或枝接，嫁接成活率可多达90%以上。具体操作如下。

（1）接穗选择 碧桃母树要健壮而无病虫害、花果优良的植株，选当年的新梢粗壮枝、芽眼饱满枝为选接穗。

（2）嫁接方法 夏季芽接可削取芽片，或少带木质部芽片，在砧木茎干处剥皮。剪取母树的接穗即剪去叶片，留叶柄。在接穗芽下面1cm处用刀尖向上削切，长1.5～2cm，芽内侧要稍带木质部，芽位于接芽的中间砧木可选择如铅笔粗的实生苗，茎干距地面3～5cm，选用树干北侧的垂直部分，第一刀稍带木质部竖切2cm，削下的树皮剪掉1/2～2/3，将接芽插入砧木，形成层密接，尤其要注意在砧木削切处的下部不留空隙，紧密结合。在接芽的下面用塑料胶布向左缠2圈，再向右缠2圈，均衡地向上绑缚，使其防芽风干，牢固结合，露出接芽。注意芽接时间，南方以6月至7月中旬为佳，北方以7月至8月中旬为宜。

（3）接后管理　芽接后10～15天，叶柄呈黄色脱落，即是成活的象征，叶柄变黑则说明未活。成活苗在长出新芽，愈合完全后除去塑料胶布，在芽接处以上1cm处剪砧，萌芽后，要抹除砧发芽，同时结合施肥，一般施复合肥1～2次，促使接穗新梢木质化，具备抗寒性能。为防治蚜虫，喷洒2000倍的乐果溶液，当叶片发生缩叶病时，可使用石硫合剂。

十二、榆叶梅

1.生物学特性

榆叶梅（*Amygdalus triloba*）是蔷薇科桃属落叶灌木（见图6-194～图6-198）。又叫小桃红，因其叶片像榆树叶、花朵酷似梅花而得名。榆叶梅春季繁花似锦，是中国中北部地区较好的观赏花木，它既可独栽，又可以丛植，广泛用于草坪、公园、庭院的绿化和美化。

喜光，稍耐阴，耐寒，能在-35℃下越冬。对土壤要求不严，以中性至微碱性而肥沃土壤为佳。根系发达，耐旱力强。不耐涝。抗病力强。生于低至中海拔的坡地或沟旁乔、灌木林下或林缘。

2.嫁接繁殖

榆叶梅的繁殖可以采取嫁接、播种、压条等方法，但以嫁接效果最好，只需培育二三年就可成株，开花结果。嫁接方法主要有切接和芽接两种，可选用山桃、榆叶梅实生苗和杏做砧木，砧木一般要培养2年以上，基径应在1.5cm左右，嫁接前要事先截断，需保留地表上5～7cm的树桩。

（1）芽接　8月底到9月中旬，在事先选做接穗的枝条上定好芽位，接芽需粗壮、肥实，无干尖和病虫害。用经消毒的芽接刀在芽位下2cm处向上呈30°角斜切入木质部，直至芽位上1cm处，然后在芽位上方（1厘米处）横切一刀，将接芽轻轻取下，在砧木距地表

3cm 处，用刀在树皮上切一个"T"形，长、宽各为 3cm、2cm，将树皮轻轻揭开再把接芽嵌入"T"形切口中，使接芽与砧木紧密接合，再把塑料带剪成窄条绑扎好即可。嫁接后，接芽在 7 天左右没有萎蔫，说明已经成活，20 天左右即可将塑料带拆除。

（2）枝接　春季 3 月中上旬，取一年生重瓣榆叶梅的枝条做接穗，长 8cm 左右，需保留 3～4 个芽，在砧木横截面的一侧，用刀在木质部和树皮间垂直切下 4cm 左右，将接穗的下端削成鸭嘴形，长约 3.5cm，然后将接穗垂直插入砧木的切口处，略微"露白"，再用塑料带紧紧缠绕，为了保湿可立即在周边培土，20 天左右即可成活，1 个月后将土轻轻扒开，拆去塑料带。

图 6-194　榆叶梅植株

图 6-195　榆叶梅开花

图 6-196　榆叶梅花

图 6-197　榆叶梅果

图 6-198　榆叶梅园林应用

十三、锦带花

1. 生物学特性

锦带花 [*Weigela florida*（Bunge）A. DC.] 是忍冬科锦带花属落叶灌木（见图 6-199～图 6-201）。别名五色海棠。锦带花枝繁叶茂，

图 6-199　锦带花植株

图 6-200　锦带花开花

图 6-201　锦带花园林应用

花色鲜艳，花期长达2个月，是东北、华北地区园林中主要的观花灌木。适宜庭院墙隅、湖畔群植；也可在树丛林缘作花篱、丛植配植；点缀于假山、坡地。花期4～6月份。

生于海拔 800～1200m 湿润沟谷、阴或半阴处，喜光，耐阴，耐寒；对土壤要求不严，能耐瘠薄土壤，但以深厚、湿润而腐殖质丰富的土壤生长最好，怕水涝。萌芽力强，生长迅速。

2. 播种繁殖

采种可于 9～10 月份采收，采收后，将蒴果晾干、搓碎、风选去杂后即可得到纯净种子。千粒重 0.3g，发芽率 50%。直播或于播前 1 周，用冷水浸种 2～3h，捞出放室内，用湿布包着催芽后播种，效果更好。播种于无风及近期无暴雨天气进行，床面应整平、整细。播种方式可采用床面撒播或条播，播种量 $2g/m^2$，播后覆土厚度不能超过 0.3cm，播后 30 天内保持床面湿润，20 天左右出苗。

3. 扦插繁殖

锦带花的变异类型应采用扦插法育苗，种子繁殖难以保持变异后的性状。黑龙江省的做法是在 4 月上旬，剪取 1～2 年生未萌动的枝条，剪成长 10～12cm 的插穗，用 α-NAA 2000mg/kg 的溶液蘸插穗后插入覆膜遮阳沙质插床中，沙床底部最好垫上一层腐熟的马粪增加地温。地温要求在 25～28℃，气温要求在 20～25℃，空气相对湿度要求在 80%～90%，透光度要求在 30% 左右。50～60 天即可生根，成活率在 80% 左右。

4. 压条繁殖

在生长季节将其压入土壤中，进行压条繁殖。通常在花后选下部枝条压，下部枝条容易呈匍匐状，节处很容易生根成活。分株在早春和秋冬进行。多在春季萌动前后结合移栽进行，将整株挖出，分成数丛，另行栽种即可。在 4 月上中旬进行，播后应用洇灌的方法浇水，不可用喷壶向土面喷水，以免将种子冲出土面。播后 15 天左右出苗。但采用播种法成长期较长，一般少量繁殖时不采用此法。

参 考 文 献 REFERANCES

［1］　北京林业大学园林系花卉教研组. 花卉学. 北京：中国林业出版社. 1999.

［2］　芦建国，张鸽香，丁彦芬，等. 花卉学. 南京：东南大学出版社. 2004.

［3］　张克中. 花卉学. 北京：气象出版社. 2006.

［4］　金波. 宝典花卉. 北京：中国农业出版社. 2006.

［5］　曹春英. 花卉栽培. 北京：中国农业出版社. 2010.

［6］　石爱平，刘克峰，柳振亮. 花卉栽培. 北京：气象出版社. 2006.

［7］　陈坤灿. 四季草花种植活用百科. 汕头：汕头大学出版社. 2004.

［8］　夏春森，刘忠阳，等. 名新盆花194种. 北京：中国农业出版社. 2002.

［9］　徐先玲，李相状. 木本植物养护. 北京：中国戏剧出版社. 2005.

［10］　金波，东慧茹. 球根花卉. 北京：中国农业出版社. 1999.

［11］　米村浩次. 胡淑英，译. 观叶植物成功的栽培方法. 天津：天津科学技术出版社. 2002.

［12］　绿生活杂志编辑部. 趣味园艺仙人掌与多肉植物. 天津：天津科学技术出版社. 2003.

［13］　赵家荣. 水生花卉. 北京：中国林业出版社. 2002.

［14］　铃木贡次郎. 观叶植物栽培图解. 沈阳：辽宁科学技术出版社. 2000.

［15］　黄献胜，卓妙卿，黄以琳，等。看图养仙人掌. 福州：福建科学技术出版社. 2004.

［16］　Boutique社（日本）. 图解菊花栽培与观赏. 福州：福建科学技术出版社. 2005.

［17］　Boutique社（日本）. 图解月季栽培与观赏. 福州：福建科学技术出版社. 2005.

［18］　郭世荣. 无土栽培学. 北京：中国农业出版社. 2008.

［19］　刘宏涛，等. 园林花木繁育技术. 沈阳：辽宁科学技术出版社. 2005.

［20］　吴少华. 园林苗圃学. 北京：中国林业出版社. 2004.

［21］　丁彦芬. 园林苗圃学. 南京：东南大学出版社. 2003.

［22］　陈耀华. 园林苗圃与花圃. 北京：中国林业出版社. 2002.

［23］　孙锦. 园林苗圃. 北京：中国建筑工业出版社. 1982.

［24］　李鸿勋. 园林苗圃化学除草. 北京：北京林学院. 1983.

［25］　赵庚义. 草本花卉育苗新技术. 北京：中国农业大学出版社. 1998.

［26］　史玉群. 全光照喷雾嫩枝扦插育苗技术. 北京：中国林业出版社. 2001.